열네 살
경제 영재를 만든
엄마표
돈 공부의
기적

이은주(feat. 권준) 지음

위즈덤하우스

—

늘 든든하게 지원해주는 남편과

항상 믿고 응원해주시는 시부모님,

언제나 사랑으로 보살펴주시는 친정 부모님,

보기만 해도 사랑스러운 딸 제인이 덕분에

준이의 이야기가 세상에 나올 수 있었습니다.

이 책을 그분들에게 바칩니다.

그리고 준이의 꿈을 향한 여정에서 많은 도움을 주시고

난관에 부딪힐 때마다 더 나은 길을 알려주신

소중한 멘토분들에게

다시 한 번 진심으로 감사의 마음을 전합니다.

—

프롤로그

경제 영재가 된 제주 소년 이야기

치열한 삶의 현장에서 시작된 경제 교육

우리는 제주 가족이다.

남편은 한 살 때 제주도로 이사를 왔고, 나나 우리 아이들은 모두 제주도에서 나고 자랐다.

이곳에서 지금 우리는 말을 기르면서 승마장, 카트장, ATV(사륜 오토바이)장, 카페가 있는 아기자기한 레저 체험 놀이동산인 성읍랜드를 14년째 운영해오고 있다.

언젠가 뉴질랜드의 최연소 총리인 저신다 아던Jacinda Ardern의 집무실에 아기가 잠잘 수 있는 바구니가 있다는 뉴스를 본 적이 있다. 역시 일하는 엄마인 나도 준이가 아주 어릴 때부터 내 일터인 성읍랜드에 아이를 데리고 다녔다.

내가 성읍랜드를 시작할 때 아이는 태어난 지 겨우 백일 무렵이었다. 사업장 카운터에 앉아서 아이에게 이유식을 먹여가며 일했다. 분홍빛 건물 안에는 승마복부터 갖가지 인형 탈과 코스프레 의상이 걸려 있다. 성읍랜드를 찾은 가족들은 우리가 준비한 체험에 맞추어 옷을 갈아입은 후 말이나 카트, 사륜 오토바이를 타고 초록 평원을 달리며 즐거운 웃음을 행복하게 쏟아냈다. 그런 나의 일터를 준이도 무척 좋아했다.

이곳에는 할 일이 정말 많다. 전부 사람의 손으로 해야 하는 일이다. 말을 관리하며 말똥을 치우고, 시설물을 점검하고, 페인트칠 등 크고 작은 공사를 하고, 흩어져 있는 카트를 정리하고, 사륜 오토바이가 달리는 코스를 돌아보며 정비하고, 기념품과 커피도 판다.

게다가 사업은 종합 선물 세트 같다. 좋은 일이 있으면 나쁜 일이 있고, 호황이 찾아오면 곧 불황이 뒤따른다. 14년 동안 관광사업을 꾸리며 절감한 것은 3~5년 주기로 꼭 무슨 이슈가 터진다는 것이다.

그래서 나는 매일매일 새로운 것을 시도한다. 그날그날 조금이라도 발전하지 않으면 아예 사업장의 문을 닫지 않겠다는 마음으로 하루를 시작한다. 전쟁터 같은 세상에서 어떤 풍파에도 굳건하게 건재하기 위해 정말 많은 시도를 해왔고, 지금도 진행 중이다. 그리고 그 현장으로 준이가 항상 엄마의 손을 잡고 동행했다.

사실 준이는 보통의 아이들처럼 학원에 다니지 않는다. 여느 또래 같으면 하루 종일 여러 학원을 오가느라 바쁠 나이에 아이를 부모의 사업장에만 드나들게 하는 것을 의아해하는 시선이 있을 줄 안다(거기에는 서글프고도 웃긴 사연이 숨어 있다). 하지만 부모의 일과 다양한 경제활동도 아이에게는 좋은 경험이고, 산 교육이 되어주리라고 믿는다.

준이는 학원이 아니라 부모의 사업장을 드나들면서 '돈'을 벌기 위해 여러 가지 일을 얼마나 열심히 해야 하는지, 무슨 아이디어를 내고 어떻게 실행해야 하는지, 그리고 그 효과가 어떤 양상으로 눈앞에 나타나는지 자연스레 지켜보고 체득했다. 아이의 경제 체험은 부모가 치열하게 분투하는 삶의 현장에서 일찍 시작된 것이다.

영국 로이터통신이 쭈니맨을 주목하기까지

우리 부부의 맏아들이자 일곱 살 여동생의 오빠이기도 한 준이는 올해 중학생이 되었다. 지금 우리는 아이에게 따로 용돈을 주지 않는다. 아이가 자신이 할 수 있는 여러 경제활동을 통해 용돈 벌이를 하기 때문이다.

우리 놀이동산에는 준이의 사업인 미니카 판매 코너가 있다. 아이는 자신이 학교에서 공부하는 동안 대신 용돈을 벌어주는 음료수 자동판매기도 설치했다. 카페 '분홍분홍해'에서 주스와 커피도 판다. 집에서는 틈틈이 자칭 '홈 알바'로 집안일을 도와준다. 지난해부터는 네이버 스마트스토어에 온라인 쇼핑몰을 열어서 제주 특산품인 흑돼지고기, 한라봉, 홍삼까지 팔고 있다. 사업의 종류가 다양하고 거창한 듯하지만 투자 규모나 매출이 아이가 감당할 수준을 넘어서지는 않는다. 아이가 스스로 기획하고 책임질 수 있는 정도에서 하기 때문이다. 나는 옆에서 거들 뿐이다.

일찍이 경제에 눈뜬 준이가 주식 투자를 처음 시작한 것은 코로나19 팬데믹으로 주식시장이 폭락했다는 뉴스를 접한 지난해였다. 그 결과가 매우 쏠쏠하여 우리는 이것을 아이의 경제 유튜브 채널 〈쭈니맨〉에 공개했다. 그 반응은 SNS를 통해 먼저 나타났다. 갑자기 〈쭈니맨〉 유튜브 캡처 영상이 엄청나게 퍼지더니 여기저기서 열렬한 관심이 쏟아지기 시작했다. 아이가 개인 유튜브 방송을 해온 지 6년 만에 처음 받는 관심이었다.

유튜브 조회 수가 순식간에 올라가던 어느 날, 국내의 경제 전문 언론사에서 준이에게 인터뷰를 요청해왔다. 2021년 1월의 일이었다. 그달에 다른 경제지에서 또 인터뷰 요청이 들어오더니 다음 달에는 공중파 메인 뉴스에서 준이를 몇 번이나 소개했다. 그리고 마침내 영국 로이터통신에서 연락이 왔다.

아이는 주식 투자의 고수가 아니다

로이터통신은 2021년 2월 9일 자 보도에서 준이 같은 "새로운 투자자들이 코로나19 대유행 속에서 한국의 개인 투자자로 부상했다"라고 전하면서 준이가 "좋은 대학에 다니기보다는 투자가로 크게 성공하여 자선사업도 많이 하고 싶다"라고 한 말을 인용했다.

초등학생이 주식 투자로 성과를 올리고 그 과정에 대해 설명하는 유튜브 영상을 만들어낸 것이 드문 일인 모양이었다. 해외에도 유사한 사례가 있긴 하지만 그런 주인공들 중에서 준이가 가장 어리고, 무엇보다 준이의 경제활동이 주식에 그치지 않고 다양하다는 사실이 세계의 이목을 끈 듯했다.

사실 그때만 해도 로이터통신의 취재가 대단한 일인 줄 몰랐다. 뉴스는 늘 새로움을 추구하니까 준이의 이야기도 그렇게 특이한 일회성 이슈로 소비되고 말겠거니, 잠깐 스쳐 가는 열풍이겠거니 생각했다.

그러나 세계 250개국으로 전파되는 로이터통신의 영향력은 엄청났다(로이터통신이 뭔지도 모르던 준이에게 기자가 얘기했다. "우리가 인터뷰한 한국 인물은 대통령과 BTS밖에 없었어." 준이가 그 대열에 감히 낀 것에 무한한 영광과 감사를 느낀다). 국내 유수의 언론들이 아이의 이야기를 앞다투어 다루었다. JIBS 제주방송 뉴스를 시작으로 TV조선 9시 뉴스와 SBS 8시 뉴스 등을 거쳐서 아리랑 TV, MBN 종합뉴스 등 여러 방송과 유튜브 채널에 소개됐다. 방송 출연 요청뿐만 아니라 광고 섭외까지 들어왔다. 출판계의 파격적인 러브콜도 밀려들었다.

그리고 2021년 3월 19일에 로이터통신은 다시 온라인 주식 투자에 뛰어들어 코로나19 바이러스 불황을 이긴 Z세대 투자자 중 한 사람으로 준이를 한 번 더 소개했다. 그다음 달인 4월 23일에는 영국 BBC 방송국 라디오 다큐멘터리에서 인터뷰 영상을 촬영해 갔다(실제 방송은 11월 예정).

그동안 준이도 여러 차례 말했지만 준이는 경제 전문가도, 주식 전문가도 아니다. 엄마인 나 역시 마찬가지다. 어린 나이에 스스로 주식에 투자하고 성과가 남달랐다는 것은 화제에 오르내릴 만하지만, 아이를 주식 투자의 고수라고 생각한다면 그건 오해다.

다만 준이의 주식 투자가 어느 날 갑자기 이루어진 경제활동이 아니라는 사실은 독특한 점이라고 자부한다. 아이는 다섯 살 때부터 지금까지 자신만의 작은 사업들을 시도하며 꾸준히 용돈을 벌어서 모아왔다. 주식 투자는 그것들 중에서 한 갈래일 뿐이다.

일찍 시작한 어린이 경제활동 경험자

처음에는 준이의 주식 투자 성과에 주목한 언론의 관심도 그 같은 방향으로 점차 확장됐다. 아이가 어떻게 주식 투자까지 하게 됐을까? 아이는 유년기에 어떤 경제 교육을 받았을까?

과분하게도 준이를 '경제 영재'라고 치켜세워주는 분들이 있다. 준이가 감당하기 무겁지만 않다면, 기분 좋은 칭찬이다. 그러나 준이는 타고난 경재 영재가 아니다. 우리는 준이를 '어린이 경제활동 경험자'일 뿐이라고 생각한다.

나는 경제 근력을 키우고 법적 성년에 진정한 경제적 독립을 이루어 성인으로 자립하는 것은 아이가 자기 꿈을 마음껏 펼칠 수 있는 가장 중요한 토대가 되리라고 믿어왔다. 준이가 다섯 살 때부터 일상생활에서 다양한 경제 교육을 시도하면서 아이가 직접 경제활동을 경험하도록 유도한 것은 그 때문이다. 게다가 아이에게 최고의 경제 교육 현장은 부모가 다양한 경제활동으로 꾸려가는 실제 생활 현장이기도 했다. 아이가 실질적으로 배워야 할 것은 학교 책상 앞이나 경제 교과서 속이 아니라 바로 거기에 전부 있기 때문이다. 평범한 장난꾸러기 아이를 세계가 주목한 '초등 주식 투자가', '경제 유튜버 쭈니맨'으로 어떻게 성장시켰는지 내가 실제로 아이에게 적용한 일상생활 속 경제 교육법을 이 책에 담았다.

그리고 내가 이 책을 쓰기로 결심한 또 하나의 이유가 있다. 준이가 유명해지자 그동안 뜸했던 개인적 연락을 많이 받았다. 대부분은 축하 전화였다. 그러나 그 이면에는 준이가 그런 줄 알았으면 준이의 경제관념과 경제적 습관을 배우도록 진작 우리 아이와 친하게 지내게 할 걸 그랬다는 후회의 목소리와 다음과 같은 우려의 목소리도 섞여 있었다. 아이가 너무 돈을 밝히는 건 아니냐고, 아이가 전혀 아이답지 않은 건 아니냐고, 엄마가 아이를 그렇게 만들고 있는 건 아니냐고…….

어쩌면 그런 염려의 시선들이 내가 이 책을 쓰기로 한 결정적 이유 중 하나일지도 모르겠다.

준이는 지금은 개그맨이자 예능 MC이자 투자가를 꿈꾸는 쾌활한 열네 살 아이일 뿐이다. 준이를 직접 만난 사람들은 아이가 얼마나 유쾌하고 정이 많은지, 얼마나 호기심이 넘치는지, 앞으로 하고 싶은 일도 되고 싶은 꿈도 얼마나 많은지, 그래서 자기 미래에 대한 기대감으로 얼마나 반짝반짝 빛나는 장난꾸러기 소년인지 금세 알게 된다.

나는 그런 아이의 모든 꿈을 응원해왔고, 앞으로 아이의 꿈이 어떻게 바뀌든 지금까지처럼 존중하고 지원할 것이다. 아이가 ADHD 증상이 아닐까 오인될 만큼 산만하여 다른 친구들에게 방해만 될 뿐이라고 학원에 등록시키기 무섭게 번번이 쫓겨날 때도 그랬다.

지금도 그렇지만, 미래에는 더더욱 하나의 직업으로 평생을 풍요롭게 버티지 못한다. 아이의 꿈도 자기 관심사에 따라 변덕스럽게 변한다. 그때마다 아이의 꿈들을 좇아서 지원해주는 것은 아이의 다양한 잠재력을 이끌어내고 진짜 내공을 키우는 사업이다. 아이의 진정한 집중력과 저력은 바로 그때 빛을 발한다.

이 책은 준이의 경제 교육에 관한 경험담이기도 하지만, 결국은 준이의 꿈들을 향해 준이와 엄마인 내가 지금까지 어떻게 고군분투하며 나아왔는지를 보여주는 기록이다. 이 꿈의 여정 덕분에 나는 성장했고, 준이는 더 성장했다. 우리를 성장시키는 여정은 앞으로도 계속될 것이다.

2021년 8월

이은주

차례

프롤로그_경제 영재가 된 제주 소년 이야기

Chapter 1
열세 살 경제 유튜버, 주식 투자의 비밀

낯선 도전의 결실은 과감하게 실행하는 사람의 것

주식 투자, 세상의 흐름에 눈뜨게 하는 방법

유튜브로 성공의 스노볼을 굴리다

Chapter 2
생산자의 눈으로 세상을 보게 하라

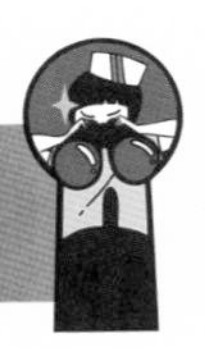

아이의 경제 교육이 부모의 노후 준비다

소비만 할래, 생산도 해볼래?

사고파는 것도 훈련이 필요하다

Chapter 4 부모는 아이의 꿈 매니저

아이의 재능보다 중요한 것

아이의 꿈을 실현하기 위한 작은 시작

아이를 위한 꿈 매니지먼트 사업

일하는 엄마가 아이의 꿈을 응원하는 방법

Chapter 5 성적보다 상상력이 아이를 부자로 만든다

N잡러 아이에게는 자유 시간이 필수

여든까지 가는 것은 성적보다 돈 버는 버릇

우리는 상상한 만큼만 성공한다

확실한 동기만 심어주면 공부는 저절로 된다

Chapter 6
성장하는 부모, 더 성장하는 아이

아이의 미래를 위해 함께 공부하라

아이를 꿈의 현장 한가운데로

Chapter 1

열세 살 경제 유튜버, 주식 투자의 비밀

낯선 도전의 결실은 과감하게 실행하는 사람의 것

경제 뉴스를 본 아이, 도대체 주식이 뭐예요?

지난해부터 준이에게 관심을 가지는 사람들은 나이가 겨우 열세 살에 불과했던 어린아이가 어떻게 주식 투자를 하게 됐는지를 가장 먼저 궁금해한다. 부모가 주식의 달인들이 아니냐는 오해도 많이 받는다.

일단 그 오해부터 풀어드리자면, 전혀 그렇지 않다는 것이다. 나와 남편은 주식의 '주' 자도 모르는 사람들이었으며, 주식에 대해 상당히 부정적인 선입견까지 가지고 있었다. 우리도 준이 덕분에 주식 투자에 눈뜨게 됐다.

지난해 세계보건기구World Health Organization가 코로나바이러스감염증-19

에 대해 전염병의 최고 경보 단계인 '팬데믹'을 선포한 3월 11일 다음 날이었다. 다들 알다시피 세계의 주가가 곤두박질쳤다.

코로나로 인한 사회적 긴장감도 굉장했다. 그때 우리나라는 이미 모 종교 단체에서 시작되어 기하급수적으로 쏟아진 환자들로 인해 한 차례 홍역을 겪은 뒤였다. 코로나 팬데믹이 선언됐지만, 질병관리본부에서 더 높일 방역 단계가 없다고 발표할 정도였다.

제주도에서 많은 사람을 상대로 관광사업을 하고 있는 우리로서는 이런 문제에 더욱 민감할 수밖에 없었다. 혹여 우리 사업장에서 코로나바이러스가 일파만파 번지지는 않을까 하는 공포감에 한동안 문을 닫기도 했다. 그래도 직원들의 월급은 지불해야 하고 매일매일 말 수십 마리의 사료도 감당해야 하는데, 이 같은 상황이 언제까지 이어질지 가늠할 수조차 없는 때여서 몹시 불안하고 힘들었다.

코로나 방역 2단계라 외출이 어려워진 탓에 집 안에서 갇힌 듯 생활하자니 우리 네 가족만 난파선을 타고 항해하는 기분이기도 했다. 불안한 마음을 달래려고 한 달가량을 나는 날마다 우리 집 구석구석까지 정리하면서 하루 종일 청소와 설거지에만 매달렸다.

여동생과 함께 방에서 TV를 보던 준이가 급하게 뛰쳐나와 나를 찾았다.

"엄마, 이 뉴스 좀 보세요. 이걸로 돈을 많이 벌 수 있을 것 같은데 주식이 뭐예요?"

뜬금없는 이야기였다.

"뭐라고? 주식?"

주식을 하겠다는 초등 6학년의 도발

꼼짝없이 집 안에서만 지내야 하는 상황에 이르자, 준이는 애니메이션을 보여달라는 여동생의 말에 TV 채널을 돌리다가 우연찮게 경제 뉴스를 보게 됐다. 그리고 그 뉴스에 출연한 어느 주식 전문가의 말에 솔깃해져서 나를 찾은 것이었다. 세계 증시가 폭락해서 전쟁이라도 난 것 같은데 그 전문가는 주식이 대폭락한 지금이야말로 투자할 절호의 기회일 수 있다고 말했다.

준이는 이 좋은 기회를 반드시 잡아야 한다고 강하게 주장했다.

"10년에 한 번 오는 기회라니까 내가 이런 기회를 다시 만나려면 어른이 되어서 군대에 있을 때라고요. 엄마, 그냥 지나칠 일이 아니에요. 제발 제 말 좀 들어주세요."

그때 준이는 그 전문가가 주식 투자에 대해 너무나 조리 있고 명확하게 설명하여 절로 집중할 수밖에 없었다고 말했다. 주식에 투자하고 싶다고 나를 조르기 시작했다.

"안 돼. 엄마는 주식으로 돈 벌었다는 사람을 본 적이 없어. 망했다는 사람이 얼마나 많은 줄 아니? 주식은 아주 위험한 거야. 절대 안 돼!"

나는 주식에 투자해본 적도 없고, 주식에 대한 관심도 전혀 없었다. 주변에 주식을 하는 사람도 거의 없었다. 게다가 지금껏 살면서 주식으로 망했다는 이야기는 많이 들어봤어도 흥했다는 이야기는 별로 들어본 기억이 없었다. 더구나 이제 겨우 초등 6학년인 아이가 '주식'이 무엇인지도 모르면서 갑자기 주식에 투자하겠다니, 정말로 기가 막히고 어림도 없는 소리였다.

어른의 신중한 망설임보다 아이의 용감한 도전이 필요한 때

다음 날이면 준이가 주식 이야기를 잊어버릴 줄 알았다. 그러나 아이는 다음 날에도, 그다음 날에도 계속 나를 설득하려 들었다.

경제 뉴스의 헤드라인들만 읽어도 주가가 얼마나 곤두박질쳤는지 뒤숭숭하게 느껴질 정도이긴 했다. 코로나 팬데믹이 세계적인 주가 대폭락으로까지 이어지자 나라가 망하려나, 지구가 망하려나…… 극도로 불안하기만 한데 아이는 이런 지금이 기회라며 막무가내로 주식 투자를 하자고 고집부리니 내 귀도 마음도 열리지가 않았다.

준이는 한 번 본 경제 뉴스를 통해 겨우 주식에 관심을 갖기 시작한 데다가, 그렇다고 부모인 내가 주식 문외한으로서 그런 아이의 약점을 보완해줄 수도 없는 노릇이라, 이런 상태로 주식에 투자한다는 것은 너무 위험하고 무모한 일로 보였다. 지금껏 다양한 경제활동을 경험하도록 최대한 아이를 뒷받침해줬을지라도 말이다.

더구나 주가는 더 떨어질 수도 있는 것 아닌가? 지금 주가가 바닥이라고 누가 장담할 수 있지? 바닥의 바닥의 바닥이 드러나면? 어릴 적부터 아이들의 경제 교육을 철저히 시켜온 나였지만, 예측하기 어려운 주식에 대해서만큼은 도박과 비슷하다는 선입견이 있었다.

준이는 나를 쫓아다니며 조르고 나는 그것만큼은 허락할 수 없다는 식의 대화가 진종일 시끄럽게 이어졌다. 우리 대화가 소란스러웠는지 거실 한편에서 운동을 하고 있던 남편이 한마디 던졌다.

"거, 경험이나 해보게 주식 계좌라도 하나 만들어주지 그래. 아이가 그렇게 하고 싶다는데."

시간이 지나서 돌아보니 남편의 이 한마디가 결정적이었던 것 같다. 평소에도 남편은 집안의 큰일에 중대한 결정을 내려야 할 때 단호하게 우리 가족이 나아갈 방향을 가리키곤 했다.

아이는 조르고 남편까지 거들자 나는 일단 아이의 이야기부터 찬찬히 들어보기로 했다.

"그래, 그럼 네 생각을 좀 들어보자."

"엄마, 궁금한 게 있는데요. 제 적금 통장에 지금 얼마나 들어 있어요?"

"아니, 그게 왜 갑자기 궁금하니? 네가 용돈을 받을 때마다 얼마나 열심히 은행에 가서 저금해놓은 건데……."

준이가 태어나서 지금까지 이렇게 저렇게 받은 용돈은 전부 적금 통장에 모아두고 있었다. 아이가 태어나자마자 조리원에서 받은 봉투부터 백일, 돌잔치, 생일, 명절, 입학식, 졸업식, 가족 행사 등으로 친척들에게 받은 돈이나 우연히 만난 어른들에게 받은 돈까지 한 푼도 손대지 않았다. 그 적금 통장은 내가 관리하고 있었는데, 그렇게 모으다 보니 액수가 자그마치 2천만 원이나 되었다.

거기에 일곱 살 때부터 팔아온 미니카 판매금과 열두 살 때부터 팔아온 자판기 음료수 판매금으로도 또 다른 적금을 붓고 있었다. 해약한다면 700만 원 정도가 되었다.

준이는 그 돈을 모두 주식에 투자하겠다고 말했다.

나는 너무 놀라서 눈이 휘둥그레졌다. 아이의 계획에 선뜻 동의할 수가 없었다.

"그 적금들의 은행 이자가 얼마예요?"

아이가 객관적으로 계산해보라는 듯이 물었다.

사실 저금리 시대에 이자율이라고 해봐야 최고 2퍼센트도 넘기기 어려울 뿐만 아니라 세금까지 제하고 나면 저축으로는 거의 돈이 불어나지 않는다. 게다가 앞으로는 이자를 기대하기는커녕 아예 은행에 보관 수수료를 지불하고 돈을 맡겨야 하는 시대가 목전에 다가왔다는 이야기도 심심치 않게 들린다.

은행에 돈을 묵혀두느니 주식에 투자하겠다는 아이의 말에도 일리가 있기는 했다. 아이의 말처럼 과거의 세계 경제 사이클에서 짐작할 수 있듯 정말로 지금이 10년에 한 번 찾아온다는 그 기회일까?

그래도 그 돈을 몽땅 투자한다는 것은 위험한 일 같아서 망설이는 사이에 아이가 사고 싶다고 노래하던 삼성전자 주가가 바닥을 찍고 42,000원을 넘어서 하루가 다르게 올라갔다.

실행하기로 결심하면 과감하게

나도 남편도 주식에 대해서는 아무것도 아는 바가 없었지만 준이의 선택을 존중하기로 했다. 아이의 통장을 내가 관리하고 있기는 했어도 그것은 아이의 돈이었다. 그리고 설령 주식 투자에 실패하게 될지라도 그 대가가 뼈아프겠지만 그같이 큰 실패까지 감당하고 극복하는 경험 역시 소중한 삶의 자양분이 되어줄 것이었다.

"준아, 이 모든 것은 네 돈이고 네 선택이니까 책임도 네가 지는 거야. 명심해둬. 알겠지?"

말은 그렇게 했지만, 그래도 아이에게만 주식 투자를 맡길 수가 없었다. 이참에 온 가족이 다 주식 계좌를 하나씩 만들기로 했다. 엄마로서 나도 섣부른 편견에 갇힌 채 주식을 마냥 외면하기보다 진지하게 공부해봐야겠다고 생각했다.

코로나 때문에 아이들과 함께 외출하기는 꺼림칙했기 때문에 아이들은 집에 남겨두고 남편과 둘이서 은행에 갔다. 미성년자의 주식 계좌를 개설할 때는 부모만 가도 된다. 하지만 주식 계좌를 만들고 나서도 정작 실제로 주식을 사기까지는 일주일이 꼬박 걸렸다.

모바일 뱅킹 앱에 주식 계좌를 연결하고 주식 투자가 가능한 금융권 공인인증서를 발급받은 후에야 주식을 살 수 있는데 그게 쉽지가 않았다. 처음 해보는 일이라서 거듭거듭 오류가 생겼다. 은행에 찾아가서 또 물어봤다. 집으로 돌아와서 처음부터 차근차근 시도했다. 마찬가지였다.

모두가 집 안에서 숨어 지내던 코로나 집콕 와중에도 은행에 오가기를 여러 번, 우리가 너무나 주식 초보이다 보니 주식 거래를 해보기도 전에 진이 다 빠질 지경이었다. 준이와 함께 컴퓨터 앞에 앉아서 이를 아득아득 갈면서 관련 정보를 찾아서 다시 시도하고, 시도하고, 시도했다.

겨우 성공했다.

아이가 사겠다던 삼성전자 주식은 그사이에 47,000원이 되어 있었다.

자기 선택의 결과에 스스로 책임지기

"준아. 주식 종목도 네가 공부해서 선택하기로 하자. 주식 종목은 신중하게 선택해야 해."

나는 주식을 잘 알지도 못하지만, 아이의 주식 투자에 참견하면 안 되겠다는 생각이 들었다.

"엄마는 주식으로 망한 사람을 너무 많이 봤어. 같이 종목을 골랐다가 잘못되면 네가 나중에 엄마를 원망할 것 아니야? 네 것은 네가 알아서, 엄마 것은 엄마가 알아서 각자 투자하기로 하자."

그렇게 우리는 각자 다른 종목을 재량껏 선택해서 나중에 그 결과를 비교해보기로 했다. 누가 더 잘하는지 경쟁하자는 것이었다. 준이에게 스마트폰으로 주식을 사는 방법을 가르쳐주는 것으로 나는 손을 뗐다. 다들 경기라도 치르듯 각자 힘으로 주식에 대해 알아보고 공부하며 재미있게 달려들었다.

사실 나는 믿는 구석이 조금 있었다. 친한 후배가 유일하게 주식에 투자하고 있었고 고수라는 이야기를 들은 적이 있었다. 다음 날 바로 후배를 찾아가서 일대일 주식 과외를 받았다.

"수익이 확실한 종목으로 추천 좀 해줘. 나도 돈 좀 벌게."

나는 한껏 기대했다. 혹시 너무 큰돈을 벌게 되는 것이 아닐까 설레기까지 했다.

후배는 주식의 고수답게 어려운 전문용어를 써가며 몇 종목을 추천했다. 후배의 말을 듣고서 나도 나름대로 종목 분석 스터디를 하면서 전부 바이오 테마주로 샀다. 코로나로 인해 마스크, 백신, 치료제 등 건강과 신약 개발에 대한 관심이 뜨거우니까 내 생각에도, 또 뉴스를 찾아봐도 아주 적절한 선택인 듯했다.

나와 달리 준이는 집콕 상태에서 어느 주식을 살지 고르고 있었다. 가만 보니 겁이 나기도 하는 모양이었다. 한꺼번에 많이 사지 못하고 몇 주씩 조금조금 사는 것 같았다. 준이 나름대로는 분할 매수로 분산투자를 하는 것이었다.

같은 시기에 투자한 다른 사람들에 비해 단기적으로 준이의 수익률이 낮은 이유가 그 때문이다. 준이는 계속 분할 매수를 고수했다. 그런데 시간이 지나면서 의외의 결과가 나타나기 시작했다.

야심 차게 투자한 나의 바이오 테마주 종목들은 들여다보기가 무서울 정도로 파란불이 들어오고 계속 마이너스가 되었다. 불안한 마음을 털어놓자 주식의 고수인 후배가 말했다.

"이제부터는 가만히 기다려. 기업을 분석해보면 알 수 있어. 하반기에는 분명히 올라올 거야."

그러나 요동치는 그래프를 따라서 나의 멘털은 끝없이 흔들렸다. 처음 주식에 투자하면서 고수의 흔들리지 않는 멘털까지 바로 갖기란 어려웠다. 결국 나는 머지않아 제주도에서 한강을 찾을 뻔했다.

아이의 투자 기준은 단순한 상식

나의 주식 수익률이 파란불 가득한 마이너스로 떨어지고 있을 때 준이의 주식 계좌는 온통 빨간색으로 물들기 시작했다. 수익이 나기 시작한 것이다. 그렇게 한두 달이 흘러가자 감이 왔다.

'아, 내 자존심을 버리고 아들을 따라가야겠구나!'

내가 투자했던 1천만 원에서 70만 원이 손해가 났을 때 나는 주식을 전

준이의 주식 손익률

▶ 첫 시드 머니 2천만 원
(준이가 태어나서 지금까지 받은 용돈을 모두 모아둔 적금 총액)
▶ 중간에 700만 원 더 투입
(7세~13세 미니카와 자판기 음료수를 판매한 수익금)
▶ 총 2,700만 원 투자

날짜	평균 손익률	손익 금액
2020년 6월 12일	8.89%	840,000원
2020년 8월 12일	17.67%	2,730,000원
2020년 12월 12일	24.59%	4,859,000원
2021년 1월 10일	39.81%	9,253,785원
2021년 1월 24일	43.54%	10,297,580원
2021년 2월 16일	46.06%	11,398,471원
2021년 4월 15일	47.04%	12,124,971원
2021년 6월 30일	51.30%	14,202,071원

· 기존 300만 원의 수익 실현을 포함하면 총 손익 금액은 약 1,720만 원

▶ 준이의 주식 관련 주요 히스토리
· 준이가 경제 뉴스를 본 날 : 2020.3.12
· 준이가 적금통장 해지한 날 : 2020.3.16
· 증시 대폭락한 날 : 2020.3.19
· 준이가 전 재산을 주식에 투자한 날 : 2020.3.26

부 팔았다. 여기서 손해가 더 커질까 봐 너무나 불안해서 도저히 지켜볼 수가 없었다. 준이와의 경쟁에서 백기를 들었다.

"준아, 미안하지만 엄마도 네 주식을 따라 사야겠다."

그러고는 준이의 일곱 살 여동생까지 모두 준이와 똑같이 샀다. 준이가 자기 주식을 살 때 동생의 주식도 똑같이 조금씩 사줬다. 준이는 대기업 우량주만 샀다. 우리 모두의 수익률이 좋아졌다.

현재도 우리 주식은 우량주 위주다. 코로나 팬데믹 쇼크로 바닥을 쳤던 우량주들의 주가가 다시 회복되리라는 것은 이제 돌아보면 사실 상식이었다. 우리 주식들은 지금도 계속해서 빠알갛게 무르익으며 열심히 수익을 내고 있다.

실행력이 없으면 운도 없다

각종 미디어에서 연일 시끄럽게 떠들었으므로 주가 폭락은 모두가 알고 있는 뉴스였다. 그것이 코로나19라는 세계적 유행병 때문이라는 사실도 다들 알았다. 그리고 다소 힘들더라도 그 유행병에서 벗어날 방법을 인류가 찾아내리라는 것, 쉽게 말해 지금의 어려운 시국이 언젠가는 끝날 상황이라는 것도 어렴풋이나마 모두의 이성이 믿는 상식이었을 것이다.

이때 사람들은 다음과 같은 반응을 보이는 세 부류로 나누어지기 쉽다.

똑같은 정보를 가지고 그것이 주는 메시지대로 빠르게 움직이는 사람이 있고, 거기에 아예 관심이 없는 사람이 있으며, 다 파악하고는 있지만 더 심사숙고하려고 머뭇대는 다수의 사람이 있는 것이다.

여기서 주식에 투자하는 사람들이라면 다 알고 있는 너무나 평범한 말이 떠오르지 않는가? 무릎에 사서 어깨에 팔라는 이야기 말이다. 앞으로 주가가 더 떨어질 가능성이 있을지라도 이미 충분히 떨어졌으면 그쯤이 무릎이든 허벅지든 들어갈 시점이라고 판단하는 것은 욕심이 소박해서만일까? 그조차 시도하지 못한다면 작은 것도 얻지 못한다. 주식 투자든, 어떤 운이든 자기 현실로 만드는 것은 무엇보다 그 판에 뛰어드는 실행력 자체다.

말장난으로 가만히 있으면 가마니가 된다지만 그것이라도 되면 다행이다. 실제로는 아무것도 안 된다.

주식 투자, 세상의 흐름에 눈뜨게 하는 방법

나에게 익숙한 회사의 가치에 대해 생각하다

준이가 선택한 주식 종목에 대해서는 언론사들에서도 큰 관심을 가지고 취재했던 내용이다. 어린 준이에게 기자들은 주식 투자를 시작하게 된 동기부터 특정 종목을 선택한 이유까지 꼬치꼬치 캐물었다.

아이는 그게 많이 당황스러웠던 모양이다. 자신이 무슨 문제가 되는 행동을 해서 세상이 와글거리는 것 같아 어린 마음에 덜컥 겁이 났나 보다. 첫 번째 인터뷰 때 기자의 질문이 계속 이어지자 아이가 손을 바들바들 떨더니 결국 눈물까지 글썽거렸다.

"도로에 가장 많이 지나가는 차는 현대 차, 집에 있는 냉장고는 삼성전자 것, 텔레비전은 LG전자 것……, 또 네이버로는 제가 매일 뭔가를 검색하고, 친구들과는 카카오톡으로 메시지를 주고받아요. 그래서 그런 회사들의 주식으로 골랐어요. 제가 태어나서 지금까지 편하게 잘 사용해왔고 앞으로도 오래도록 사용하며 쭉 같이 살아갈 회사들이어서요. 그런데 기자님…… 혹시 제가 뭘 잘못했나요?"

하루에 한 번이라도 쓰게 되는, 자신에게 아주 익숙한 제품을 만드는 회사들의 주식을 매수했다는 이야기다. 아이는 자기가 그 제품들을 쓰는 한 그 가치가 충분하다고 소박하게 생각했다.

준이는 자신의 전 재산을 투자한 주식들의 가격이 오르는 데다가 선택 종목의 수익률이 점점 좋아지자 더욱 큰 흥미를 느끼면서 그때부터 스스로 주식 관련 뉴스와 책을 열심히 찾아보기 시작했다.

"음, 미래의 가치를 봐야 하는구나. 삼성은 지금도 우리나라를 대표하는 기업이지만 미래에도 계속 발전할 것 같아. 현대자동차 같은 경우는 일상생활에서 차는 꼭 필요하니까. 카카오톡은 가장 큰 메신저이고, 네이버는 내가 스마트스토어로 돼지고기를 팔아보니까 시스템이 너무 편하고 좋아서 앞으로도 더 잘될 것 같아. 그러니까 이런 대표적인 것들만 모아서 사는 거지."

준이는 처음 주식을 샀을 때만 해도 주식 계좌에는 대부분 상승장인 빨간색밖에 없는 줄 알았단다. 파란색 마이너스 수익률은 다른 사람들의 투자 내역을 보고서 알았다나.

주식 공부는
곧 경제와 사회 공부

그런데 온 사방에서 준이의 주식 이야기를 들으려 하자 아이는 책임감을 느끼기 시작하는 듯했다. 주변 기대에 부응하기 위해 자기 내실을 채우고 싶어졌달까. '모로 가도 서울만 가면 된다'라고 했던가. 주식 투자 덕분에 그제야 아이는 스스로 본격적인 주식 및 경제 공부의 필요성을 느꼈다.

준이의 주식 공부는 언론 기사나 뉴스, 전문가의 유튜브를 보는 것으로 시작됐다. 인터넷이나 TV 등에서 전문가들이 쏟아내는 말은 지금도 이해하기에 너무 어렵게 느껴진다고 한다. 전문가들의 설명이 잘 이해되지 않자 준이는 책을 찾아보기 시작했다.

"코스피가 뭐지? 코스닥은 뭐야?"

처음에는 주식 투자에 대해 아주 기초적으로 알려주는 만화책을 읽었다. 이제야 주식의 'ㅈ' 정도는 알게 된 것 같다고 했다. 그러면서 아이는 이렇게 말했다.

"그런데 사람들은 왜 이렇게 사고팔고 사고팔고…… 하는 걸까? 안정성이 보장되지 않으니까 그런 것 같은데 나는 단타로 투자하면 스트레스를 받아서 못살 것 같아."

10대 혹은 그 이전에 경제적 경험을 하는 것은 매우 중요하다. 그렇다고 모두가 준이처럼 어릴 때부터 주식 투자를 해볼 필요는 없을 것이다.

다만 어린이 주식 투자가에게는 '여유 자금으로 오래도록 묵혀두기'가 가능하다는 확실한 장점이 있으므로 그게 뒷받침될 수 있다면 권할 만하다.

주식 투자의 또 다른 좋은 점은 세상에 대한 관심이 늘어난다는 것이다. 자기 돈이 투자되다 보니 자연스럽게 세상의 움직임에 민감할 수밖에 없어진다. 주식 자체에 대한 공부를 넘어서서 환율, 달러, 주가에 영향을 미치는 국내외의 경제적·정치적·사회적 변화, 세계의 이슈 등 세상이 급속도로 변화하는 뉴스에 폭넓은 관심을 가지게 된다.

그러면 '경제'와 '사회'도 더 이상 책상머리에서 글로만 배우는 학과목이 아니다. 자기 삶과 아주 민감하게 이어져 있는 생생한 공부가 된다.

당장의 수익률보다 돈이 나를 위해 일하도록

2021년 초, 주식시장이 기나긴 조정에 들어갔을 때 준이가 어찌하고 있는지 궁금해하는 사람이 많았다. 쫄딱 망해서 울고 있을 것이라는 둥 억측하는 목소리가 늘어나서 준이의 주식 투자 수익률을 공개하는 영상을 찍어 올렸다.

> 올해 들어 많은 분이 그러셨어요. "초딩 쭈니맨까지 돈을 벌었으니 이제 주식을 팔아야 할 시기네. 매도 시기를 알려줘서 고맙다", "쭈니맨,

장투한다더니 상승세에서 못 빠져나와 망했냐?" 등등.

올해 초에 미국의 금리 상승, 기관과 외국인의 매도세 등 비교적 장기간에 걸친 조정 국면이 이어지면서 한국 증시가 숨 고르기에 들어갔는데요, 그런 증시를 바라보며 열네 살 어린 저를 걱정해주신 듯합니다.

이 계좌가 보여주다시피, 저는 작년 4월 이후 최고 수익률인 47퍼센트를 기록하며 아주 잘 지내고 있습니다. 솔직히 장기간 쭉 가지고 갈 거라서 지금 수익률은 저에게 큰 의미가 없지만, 그래도 우리 구독자님들이 많은 관심을 가지시기에 오래간만에 공개해봤습니다.

저는 한 번에 몰빵한 것이 아니라 작년부터 계속해서 대기업 우량주 위주로 분할 매수를 하며 분산투자만 이어가고 있는데요. 어차피 저는 나이가 어려서 매도에 급할 게 하나도 없습니다. 대출금이 있는 것도 아니고, 그야말로 100퍼센트 안 쓰는 돈, 즉 여유 자금으로 단타가 아닌 장타로 가져갈 것이라 항상 마음의 여유가 있어요.

그래서 주식 투자는 여러분의 어린 자녀, 10대가 하기에 아주 좋다고 계속 말씀드리는 것입니다.

— 유튜브 〈쭈니맨〉 '14살 쭈니맨의 주식 폭락! 떨어졌을 때 멘털 관리 방법' 중에서

방송에 같이 출연한 메리츠자산운용의 존 리 대표님이 유튜브 채널 〈존리 라이프스타일 주식〉에 준이를 초대했다. '이런 분들에게서 한국의 미래를 봅니다. 경제 독립 실천하는 권준 학생'이라는 제목의 영상이다.

존 리 대표님은 "내가 원하는 게 이런 것이다. 사교육은 그만 받고 돈에

대한 교육, 투자에 대한 교육에 힘쓰는 것. 그리고 앞으로의 세상에서는 좋은 학교를 나와서 좋은 직장에 취직하는 것만이 반드시 정답은 아님을 알려주고 싶었다"라고 준이를 초대한 이유를 먼저 얘기했다. 그리고 "준이 같은 학생이 1천 명이 되고 1만 명이 되면 대한민국의 미래가 좀 더 밝아지지 않을까 한다"라는 기대감까지 드러냈다.

존 리 대표님은 한국의 사교육과 관련하여 인상적인 에피소드도 들려줬다. 그동안 금융 문맹률이 불러올 불안한 미래에 대해 강연하면서 우리보다 금융 문맹률이 더욱 높은 나라로 일본을 들곤 했는데, 한 일본인 청중이 "다 옳은 지적인데 한국인과 일본인의 차이라면 일본인은 사교육에 투자하지 않는다"라고 말했다는 것이다.

어쨌든 금융을 알고 주식에 투자하는 이유는 돈이 나를 위해 일하도록 하는 구조를 만들기 위해서라는 것이 존 리 대표님의 요지였다. 그 말씀대로 준이는 지금의 수익률 자랑에 빠지지 않으려고 한다. 이번 주식 투자의 성공은 실행력 덕분이지, 실력 덕분이 아니다. 어차피 장기로 투자할 10대가 당장의 수익률에 일희일비할 필요가 없다.

주식은 아이의 경제 수입 파이프라인 중 하나

최근에 중국의 경제 신문《제일재경일보》는 다롄에 사는 어느 중년 여성이 주식을 매수하고서는 깜빡하는 바람에 큰돈을 벌게 됐다는 뉴스를 전했다. 그는 2008년에 5만 위안(약 850만 원)에 산 바이오 기업 창춘까오신의 주식을 13년에 걸쳐서 500만 위안(약 8억 5,000만 원)으로 키웠다. 그 비결이 무엇일까? 그것은 바로 주식 계좌의 비밀번호를 잊어버린 덕분이었다고 한다. '주식을 산 다음에는 수면제를 먹고 몇 년 자라'는 증권가의 우스갯소리가 사실임을 입증한 셈이다.

주식 투자로 수익을 내려면 수면제의 힘을 빌려서라도 주식을 묵혀두는 인내심이 있어야 하나 보다. 매일 열리는 주식시장을 들여다보노라면 단타의 유혹을 물리칠 인내심을 갖기가 어렵다고 한다. 주식에 투자하면 주식시장이 열리지 않는 주말에 괴로워져서 '주말병'이 생기고 '월요병'을 잊는다는 말이 있을 정도다.

이런 특성 때문에 10대의 주식 투자에 대해 염려스러운 눈길을 보내는 사람들이 있다. 다시 말하지만 준이의 경제활동은 주식 투자가 핵심이 아니다. 주식은 단지 10대인 준이의 다양한 경제 수입 파이프라인 중 하나일 뿐이다. 어린 나이에 안전한 우량주 위주로 조금씩 사서 모아두면 아이가 성장한 이후에 경제적으로 든든하게 받쳐줄 또 하나의 파이프라인으로 자리 잡을 것이라고 생각한다.

최근 유튜브 방송에서 준이는 말했다.

"우리는 대출을 받을 수 없으니까 빚내서 투자할 리 없고, 학교에서 공부하느라 주식시장을 계속 들여다볼 수 없으니까 단타가 불가능해요. 이렇게 나이가 어리니까 10대는 주식을 사고 수면제를 먹을 필요가 없어요. 그래서 10대는 장기 투자를 하기에 유리한 나이랍니다."

화폐 가치가 계속 떨어지고 있으므로 준이는 코스피 지수 10년 그래프를 보면서 장기 투자가 정답이고 '자기 스타일'이라고 말한다. 하지만 요즘은 자기 말의 무게를 느껴서 스스로도 열심히 공부하고 신중히 투자하면서, 다른 10대에게도 주식 투자를 결심하기 전에 그 점을 꼭 염두에 두도록 거듭 강조한다.

TIP 미성년 자녀의 주식 계좌를 개설하는 방법

준비물

- 가족관계증명서(부모 기준)
- 기본증명서(자녀 기준)
- 자녀의 도장
- 부모의 신분증

1. 은행에서 주식 계좌를 개설하기
2. 은행 모바일 뱅킹 앱을 깔기
3. 은행 모바일 뱅킹 앱에서 주식 계좌와 연결하기
4. 증권용 공인인증서를 등록하기
5. 증권사 앱에서 주식 계좌를 등록하기(아이디와 비밀번호 만들기)

유튜브로
성공의 스노볼을 굴리다

성공 경험은 자신만의 특별한 콘텐츠다

주식의 '주' 자도 모르던 어린아이가 주가가 폭락했다는 뉴스를 듣고는 이런 폭락장은 10년 만에 찾아온 투자 기회일 수 있다는 전문가의 말에 들떠서 10여 년 동안 모아온 전 재산을 올인해서 성공했다. 솔직히 이렇게 얘기하면 준이와 내가 잘한 게 별로 없어 보인다. 순전히 운이 좋았다고 할 수도 있다. 그저 어떤 정보를 알고만 있었느냐, 아니면 그 정보를 토대로 실행에 옮겼느냐의 차이뿐이다. 물론 기회를 잡는 실행을 하고 안 하고의 결과는 엄청나게 차이가 나지만.

단지 주식 투자로 돈을 불린 것이 대단한 성공이냐고 물을 수 있다는 것이다. 합당한 이의라고 생각한다. 세상에 주식으로 돈을 번 사람은 아주 많다. 준이가 어린아이라는 점이 특이하긴 해도 제주라는 시골의 한 소년이 주식 투자로 조금 성공한 이야기일 뿐이지 않은가.

그런데 작은 나라 대한민국의 더 조그마한 섬 제주도에 사는 초등 6학년 아이가 주식으로 큰 수익을 올렸다는 사실을 영국의 로이터통신이 도대체 어떻게 알았던 것일까? 세계에서 수익률이 가장 높은 것도, 총수익이 가장 막대한 것도 아니고 준이가 마크 저커버그Mark Zuckerberg나 워런 버핏Warren Buffett이나 일론 머스크Elon Musk도 아닌데 말이다.

그 답은 바로 준이가 주식 투자 성공이라는 자신의 경험을 스노볼(눈덩이)처럼 굴렸기 때문이다. 준이는 자신의 이 성공 경험을 유튜브 콘텐츠로 만들었다. 주식 이야기는 준이의 유튜브 채널 〈쭈니맨〉의 영상에 고스란히 담겼다.

왜 서 말의 구슬을 가지고만 있는가?

준이가 운영하는 유튜브 채널은 10대를 위한 경제 채널 〈쭈니맨, 경제적 독립을 꿈꾼다〉이다.

이 채널에 첫 번째로 올린 영상은 용돈을 받지 않는 준이가 아르바이트와 작은 사업 등으로 한 달에 150만 원의 수익을 올린다는 이야기였다.

그러고 나서 2020년 12월 26일, 〈쭈니맨〉은 처음 구독자 5명에서 엄청나게 발전하여 628명에 이르렀다. 첫 영상을 올린 지 여섯 달 만에 두 번째 영상으로 주식 이야기를 업로드했다. 여간해서 잘 늘지 않는 구독자를 늘리기 위해 나름대로 새로운 각오로 준비한 작업이었다. 지난해 준이의 크리스마스를 날려버린 영상이기도 했다.

지난해 성탄절 전야였다. 식탁에는 이미 케이크가 올랐고, 거실 한편에는 크리스마스트리가 반짝거리고 있었다. 나는 준이가 유튜브 영상을 촬영하는 동안 저녁 준비를 하려고 했다.

아이가 혼자 자신의 유튜브 영상을 촬영하는 것이 가능하냐고 묻고 싶을 텐데, 가능하다. 우리는 그것이 가능하도록 서재를 꾸며놓았다. 책상 위에 컴퓨터가 놓여 있고 삼각대와 조명도 설치되어 있다. 뒤편의 책장은 흰 커튼으로 가려놓아서 필요에 따라 여닫는다. 이런 설비를 갖추기까지 오랜 기간 실패를 거듭하며 충분한 시행착오를 겪었다는 것을 미리 말해 둔다.

어쨌든 지금은 책상 의자에 앉아서 그동안 열심히 쓰면서 수정하고 또 수정한 원고를 컴퓨터에 열어놓고 읽으면 되는 시스템이기 때문에 준이 혼자서도 삼각대에 스마트폰을 거치해두고 얼마든지 촬영할 수 있다. 준비는 완벽했다.

이번 주식 이야기는 첫 번째 영상의 주제였던 용돈 이야기에 비해 성공 가능성이 더 높아 보였다. 요즘 사람들이 관심을 많이 가지고 있는 주제였기 때문이다. 이전보다 훨씬 좋은 반응을 기대하고 준이는 열심히 준비해서 성실하게 촬영을 마쳤다. 그러고 나서 아이가 영상을 자르는 컷 편집을 하면 내가 확인하고 편집 마무리를 세밀하게 도와준다.

영상 촬영을 다 마친 준이는 기분 좋게 웃으며 서재에서 나왔다. 이제 우리는 크리스마스이브를 즐기면 되었다. 그런데 내가 영상이 잘 촬영됐는지 확인하려고 들여다보니 아뿔사, 준이의 목소리가 하나도 녹음되어 있지 않았다.

작은 실패를 대하는 태도

마이크 선이 스마트폰에 확실하게 연결되지 않았던 모양이다. 아이의 다크서클이 턱 밑까지 내려앉았다. 자기 딴에는 기대에 부풀어 열성을 다한 영상이었으니 말이다.

더구나 크리스마스이브가 아닌가. 실컷 놀고 싶은 마음을 꾹 참고서 영상 작업을 한 것인데 실수하고 말았으니 아이는 속상한 마음을 감추지 못했다. 나도 아이의 촬영을 도와주지 못한 것이 너무 미안했다. 저녁을 준비하는 짬짬이 한 번이라도 들여다봐줄걸. 아이는 영상을 잘 녹화하고, 나는 저녁을 맛있게 준비한 후 우리 다 같이 즐거운 크리스마스이브를 즐기고…… 그것이 동시에 가능하리라고 생각한 게 과욕이었다는 반성이 들었다.

크리스마스고 뭐고, 케이크고 뭐고 준이는 자기 방에 들어가서 침대에 드러누워버렸다. 나는 준이가 그 영상을 유튜브에 업로드하지 못할 수도 있겠다는 생각을 했다. 아이의 속상함이 가시려면 시간이 좀 걸릴 것 같고, 그렇게 시간이 너무 흐르면 콘텐츠의 신선함이 떨어지기 때문이다.

그러나 그날 저녁내 누워 있던 아이는 다음 날 다시 비장한 마음으로 서재에 들어갔다. 이번에는 확실히 목소리까지 잘 들어갔다. 발음이 분명하지 않다고 생각되면 거듭 다시 촬영했다.

준이가 전체적인 틀에서 컷 편집을 한 영상에 내가 음악도 깔고 범퍼 영상도 집어넣으며 스마트폰으로 세부적인 효과를 조금 더 가미하여 그 영상을 마무리했다. 그렇게 우여곡절 끝에 드디어 준이의 주식 이야기를 〈쭈니맨〉에 업로드했다. 그 후에 우리는 둘 다 그 영상을 까맣게 잊고 지냈다.

한 달쯤 지났을까. 어느 날부터 준이의 유튜브 캡처 영상이 엄청나게 돌아다니기 시작했다. 유튜브 방문자 수도 놀랍게 늘어갔다. 유튜브 알고리즘 덕분에 첫 영상까지 조회 수가 쭉쭉 늘어났다.

그동안에는 몇 백 명밖에 조회하지 않았는데 조회 수가 몇 천이 되고 최근에 17만 회, 구독자 수는 12,000명을 돌파하기까지 나날이 기하급수적으로 늘어갔다. 이게 무슨 일인가 깜짝 놀랐다. 엄청난 조회 수에 수많은 댓글이 달렸다. 첫 영상보다는 사람들이 많이 호응해줄 것이라고 예상은 했지만 이건 우리 기대를 뛰어넘는 정도가 아니었다. 정말 너무나 놀라웠다.

유튜브,
꿈을 알리는 도구

국내외 굴지의 언론사들이 준이가 주식에 투자해서 성공했다는 소문을 듣게 된 사연은 이렇다. 준이가 유튜브 방송으로 자기 경험을 세상에 알린 것이다.

그러고 나서는 여러분도 아는 미디어 매체들이 준이를 엄청나게 찾기 시작했다. 글로벌 세상의 위력을 뜨겁게 실감했다. 뉴스에 오르내리는 일은 다시 준이의 유튜브 채널을 더욱 성공시켰고, 그것은 준이가 자신의 오랜 꿈으로 한 발짝 다가설 수 있게 해줬다.

준이는 어려서부터 남들을 웃기고 싶어 하는 욕구와 재능이 있었다. 춤추고 노래하고 연기하는 개그맨이 되어서 나중에는 예능 프로그램 MC로 성공하고 싶어 한다. 비교적 얌전해 보이는 나도 한때 개그맨 공채 시험을 보고 싶다는 생각을 한 적이 있다. 준이의 친할아버지는 늘 유쾌하고 웃음이 많고 흥이 넘치신다. 내가 보기에 아이는 나보다 할아버지를 더 닮았다. 어쨌든 아이의 이런 꿈은 유전자가 운명적으로 물려준 것일지 모른다.

그러나 제주도라는 국토의 남단에, 그것도 섬에 사는 어린 소년이 자기 재능을 세상에 알린다는 것은 까마득한 일이었다.

사실 준이는 초등 1학년 때부터 〈마그네틱 옥수수〉라는 유튜브 채널을 운영하고 있었다. 한때 모든 초등학생의 꿈이 유튜버였던 시절이다. 아이는 아무 준비도 없이 그야말로 방구석에 앉아서 엉성하게 찍은 영상을 올리곤 했다.

채널 이름을 독특하게 '마그네틱 옥수수'로 지은 배경이 있다. '마그네틱'이 자석이고 '옥수수' 알맹이 하나하나가 구독자라고 생각하여, 강한 자석 같은 자신의 채널에 구독자가 옥수수 알맹이처럼 닥지닥지 붙기를 바라는 마음으로 그런 이름을 지은 것이었다.

그러나 이름에 담긴 의미에 비해 그 채널에 올리는 영상이라야 자신이 게임을 하거나 다른 사람이 게임을 하는 걸 보면서 아무 말이나 떠들어대는 것이었다. 어떤 날에는 이상한 소리가 들려 가보니 뭔가를 아기작아기작 씹고 있었다. ASMR 영상을 촬영하는 중이라고 했다. 처음 봤을 때는 정말이지 깜짝 놀랐다. 어딘가 좀 이상한 아이 같았다.

준이 나름대로 다양한 시도를 하며 영상을 10편까지 만들었지만 그 채널을 아는 사람은 몇 명 되지 않았다. 어느 날 보니까 위험하겠다는 생각까지 들었다. 촬영한 영상에 나와 우리 집의 모습도 잠깐잠깐 등장했는데 의도하지 않은 사생활이 부지불식간에 노출될 수 있겠다 싶었다.

결국 준이의 첫 번째 채널은 오랜 기간 운영했음에도 야심 찬 채널 이름의 바람과는 달리 구독자 17명으로 폭삭 망한 채 눈물을 머금고 닫게 됐다.

초등 4학년이 되자 준이는 다시 유튜브 채널을 운영하겠다고 강하게 주장했다. 그때 아이에게 새로운 꿈이 생겼던 것이다. 바로 개그맨이자 예능 MC가 되겠다는 것이었다. 〈개그콘서트〉나 〈런닝맨〉 같은 프로그램을 즐겨 보면서 자신도 언젠가는 TV에 출연하여 개그도 하고, 예능 MC로 저렇게 재미있는 프로그램도 진행하는 개그맨이 되고 싶다고 했다. 내 눈에는 아이의 끼가 다분해 보였다.

제주도에서 나고 자라는 소년이 전국적으로 자기 존재를 알리려면 유튜브가 좋겠다는 생각이 들었다. 영상 하나하나를 차곡차곡 모아서 훗날 자신의 재능을 소개하는 포트폴리오로 사용하면 좋을 것 같았다.

그래서 새롭게 시작한 유튜브 채널이 준이가 초등 4학년 때 만든 〈권준TV〉다.

엄마가 쓰는 아이 성장 일기의 시너지 효과

준이의 유튜브를 엄마인 내가 처음부터 주장하거나 찬성하지는 않았다. 아이가 먼저 스스로 시도하고, 내가 나중에 도와주게 된 것이다.

새로운 것을 받아들이는 데는 아이들이 확실히 빠르다. 어른은 기존의 경험과 생각에 갇혀서 낯선 것에 대해서 일단 의심하고 비판적인 눈으로 바라보기 쉽다. 그래서 낯설고 새로운 도전일수록 어른도 아이의 의견을 진지하게 경청해야 한다고 지금의 나는 말할 수 있다.

엄마로서 내가 한 일이 있다면 내 블로그 〈날아라 쭈니맨〉에 아이들의 카테고리를 따로 만들어 두 아이의 성장 일기를 써왔다는 것이다. 바쁜 와중에도 늘 아이들의 사진을 찍어서 아이들이 잠든 밤이면 30분쯤 할애하여 글과 함께 올렸다.

그 덕분에 아이들의 중요한 성장 지점이 모두 글과 사진으로 남아 있다. 그렇게 모이고 나니까 제법 기록으로서의 가치가 생겼다. 나의 블로그와 인스타그램, 준이의 유튜브 방송이 서로 시너지를 내기도 한다. 묵묵히 써온 일기가 기록으로 쌓여서 자신만의 스토리가 되는 놀라운 경험을 하고 있다.

세상에 없는 것을 만들기 위한 연습

〈권준TV〉에서 준이는 예비 예능인으로서 자기 자질을 드러내기 위해 뛰고 구르는 여러 개인기를 선보였다. 촬영에도, 편집에도 손이 많이 가는 콘텐츠였는데 엄청난 수고에 비해 큰 반응이 없었다. 이 채널도 오랜 기간 구독자가 늘지 않아서 무지 고민이 많았다. 그래도 묵묵히 몇 해를 운영해왔다. 이 채널에서 실패를 통해 갈고닦은 경험이 경제 유튜브 〈쭈니맨〉의 성공에 밑거름이 되어준 것은 물론이다.

유튜브 채널을 운영한 지 5년, 그때부터는 문제점이 무엇인지를 찾아서 개선하기 위해 유튜브로 성공한 선배들을 찾아다니며 직접 조언을 구했다. 해결의 열쇠는 자신만의 특화된 콘텐츠였다. 나만의 유일무이한 콘텐츠로 무엇이 있을까?

준이와 머리를 맞대고 앉아서 연습장에 마인드맵을 그리고 또 그리며 아이만의 특별한 콘텐츠를 찾기 시작했다. 고민하며 회의를 거듭하다 보니 또래 아이들이 가지기 어려운 독특한 경제적 경험이 준이에게는 꽤 많았다. 그것을 특징적 장점으로 내세울 만했다. 준이는 돈에 대한 자신의 생각과 자기가 지금껏 해온 경제활동을 살려서 새로운 콘텐츠 채널 〈쭈니맨〉을 열기로 했다.

"그래, 지금까지는 연습이었어. 세상에 없는 것을 만들어보자."

성공한 유튜버 선배들의 조언을 토대로 "경제적 독립을 꿈꾼다"라는 모토를 내건, 10대를 위한 경제 유튜브 채널 〈쭈니맨〉이 그렇게 탄생했다.

첫 영상 '13살 3,000만 원 – 월 1만 원 용돈에서 월수익 150만 원을 만든 이야기'의 반응은 〈권준TV〉보다 나았지만 그리 폭발적이지는 않았다. 두 번째 영상이 나가기 전까지는 구독자 수가 몇 백 명 수준에 불과했다. 준이의 주식 성공 이야기 '13살 초딩 용돈 벌려다 1,000만 원 번 이야기' 말이다.

코로나 팬데믹으로 세계 경제가 공황 상태에 빠져서 '돈 문제'가 삶의 중요한 이슈로 급부상하던 시기였기 때문일 것이다. 그런 와중에 열세 살 제주 소년이 주식으로 성공을 거둔 이야기는 하늘이 무너져도 솟아날 구멍이 있다는 것을 입증하는 사례처럼 보였을지도 모른다.

성공의 스노볼이 구르기 시작하다

주식 투자의 성공은 도미노처럼 다음 성공들로 이어졌다. 준이가 '10대 경제 유튜버 쭈니맨'으로 도약하는 성공의 발판을 만들어줬고, 뉴스와 방송에 오르내리게 하더니, 마침내 오랫동안 꿈꿔온 세계로 한 발짝 나아가도록 도와줬다.

준이가 각종 매체에 등장한 여정을 소개해본다.

- 2021년 1월 25일 〈한국경제TV〉 기사
- 2021년 1월 26일 《이데일리》 기사 인터뷰
- 2021년 2월 4일 SBS 〈스브스뉴스〉 유튜브 영상
- 2021년 2월 7일 SBS 〈모닝와이드〉 기사
- 2021년 2월 9일 영국 로이터통신의 첫 번째 기사 인터뷰
- 2021년 2월 9일 JIBS FM 〈김민경의 나우 제주 – 핫인물〉 특집 방송 출연
- 2021년 2월 10일 《조선비즈》, 《뉴스1》 기사
- 2021년 2월 10일 JIBS 〈820 뉴스데스크〉 기사
- 2021년 2월 16일 TV조선 〈TV CHOSUN 뉴스9〉 기사
- 2021년 2월 23일 SBS 〈8뉴스〉 기사

2021년 2월 23일 아리랑TV 〈뉴스 센터News Center〉 기사

2021년 2월 26일 《머니투데이》 기사

2021년 2월 26일 《머니투데이》 유튜브 채널 〈부꾸미〉 출연

2021년 3월 17일 MBN 〈MBN 종합뉴스〉 기사

2021년 3월 19일 영국 로이터통신의 두 번째 기사 인터뷰

2021년 3월 31일 EBS 〈일단 해봐요 생방송 오후 1시〉 특별 게스트 출연

2021년 4월 교원 《위즈키즈》 4월 호 인터뷰

2021년 4월 21일 《이데일리》 〈2021 이데일리 이슈 포럼〉

2021년 4월 22일 유튜브 채널 〈존리 라이프스타일 주식〉 출연

2021년 4월 22일 《한국경제신문》 유튜브 채널 〈주코노미TV〉 출연

2021년 4월 22일 TBS FM 〈경제발전소 박연미입니다〉 어린이날 특집 방송 출연

2021년 4월 23일 영국 BBC 방송국의 인터뷰 촬영

2021년 5월 교원 《위즈키즈》 5월 호 인터뷰

2021년 5월 5일 KBS 〈한밤의 시사토크 더 라이브〉 생방송 출연

2021년 6월 4일 카카오TV 〈빨대퀸〉 출연

2021년 7월 15일 《이투데이》 대한민국 금융대전 〈2022! 로그인 머니!〉 강연 및 토크 콘서트

2021년 8월 20일 《조선일보》 기사

우연히 투자하게 된 주식 성공이 지지부진하던 유튜브 성공으로 이어지고, 다시 이것은 준이가 그토록 꿈꾸던 방송에 진출할 수 있게 해줬다. 그 시작은 공중파 뉴스 중에서 어린이 주식 투자자의 사례로 소개되는 것이었지만, 차츰 여러 방송에서 초대하기 시작했다. 물론 그 전에도 준이는 제주방송이나 유튜브, CF 광고 등에 출연하곤 했지만 공중파 방송에 진출한 것은 최근에 벌어진 일이다.

새로 준비하는 EBS 생방송 프로그램의 첫 회에서 준이를 패널 중 한 사람으로 초대해준 것이 시작이었다. 출연 요청이 고맙긴 했지만, 사실 고민이 좀 있었다. 코로나 때문에 제주도를 떠나서 서울에 다녀오면 5일간 자가 격리를 하거나, 코로나 검사를 통해 음성 판정을 받아야만 학교에 등교할 수 있었기 때문이다.

우연히 이루어진 성공은 없다

이때도 남편이 결단력을 발휘했다.

"5일간 자가 격리를 하더라도 가자. 준아, 기회는 늘 오는 게 아니야."

준이가 오래도록 만나고 싶어 했던 존 리 대표님이 출연한다는 소식에 우리도 쉽게 포기할 수가 없었다.

생방송이지만 준비할 것은 별로 없었다. 준이는 원래 대본 없는 방송에 참여하는 것을 더 편안해했다. 방송 대본이 있으면 오히려 더 힘들어했다. 커다란 흐름만 파악하고 들어가는 게 방송이 더 잘된다고 한다.

"다른 사람들이 물어보면 그냥 제 생각대로 대답하고, 궁금한 게 있으면 물어보려고요. 저는 주식 전문가도 아니니까."

준이는 기특하게도 자기 위치를 잊지 않는다. 주식 투자는 단지 아이의 여러 경제 수입 파이프라인 중 하나일 뿐이니까.

EBS 〈일단 해봐요 생방송 오후 1시〉를 시작으로 KBS 〈한밤의 시사토크 더 라이브〉에도 패널로 출연했다. 두 프로그램 다 공교롭게도 생방송이었다. 어른도 잘해내기 힘든 생방송을 준이는 침착하고 여유롭게 유머까지 섞어가며 잘해줬다. 방송이 끝난 후 PD와 작가들도 너무 잘했다며 칭찬했다. 그렇게 방송에 같이 출연해서 알게 된 존 리 대표님이 준이를 본인의 유튜브 채널에도 초대해준 것이었다.

주식 투자와 유튜브, 세계 언론의 주목과 공중파 방송 출연, 그리고 이 책의 출판까지 아이에게 생겨나는 호사들이 단박에 우연히 이루어진 일은 절대 아니다.

우연한 행운처럼 보인다면 그것은 잔잔한 수면 아래에서 벌어지는 백조의 발버둥질은 보지 못하고 수면 위의 그럴듯한 모습만 보아서다. 우리로서는 오랫동안 준비하고 실행하고 실패하며 꾸준히 도전해온 노력의 결과물이다.

우연이고, 어쩌다 벌어진 일이라면 그 성공 경험은 다른 사람에게는 물론 자기 자신에게도 아무 가치가 없다. 특히 누군가 거둔 성공이 다른 사람들에게도 가치 있는 경험이 되려면 다른 사람들도 그것을 따라 할 수 있어야 한다.

다음 장에서는 이제 열네 살이 된 제주 소년이 도대체 어떤 활동과 노력을 해왔는지, 준이가 지금에 도달한 과정을 자세히 얘기해보려 한다. 유치원 때부터 어른보다 더 바쁘다는 우리나라 아이가 무슨 시간이 나서 그런 활동들을 다 할 수 있었는지 의아할 것이다.

로이터통신 취재를
통해 온라인 글로벌
세상을 실감한 준이

2020년 3월 16일
적금통장 해지 후
증권 통장 만든 날

스스로 경제 공부의
필요성을 느끼기 시작한
준이

유튜브 채널에 올릴
영상을 혼자서 촬영하는 중

Chapter 2

생산자의 눈으로 세상을 보게 하라

아이의 경제 교육이 부모의 노후 준비다

돈 있는 부모의 잘못된 자식 농사

돈 있는 부모의 자식 농사가 더 어렵다는 이야기가 있다.

어린 시절에 경제적인 어려움을 많이 겪은 사람일수록 부모가 되었을 때 자기 자식만큼은 궁핍하게 키우고 싶지 않아진다. 어린아이가 애어른처럼 돈 걱정으로 울적하게 주눅이 들고 지레 꿈까지 접어야 하는 아픔을 자기 경험으로 너무나 잘 알기 때문이다.

어려운 유년 시절을 겪은 부모들은 열심히 번 돈으로 아이가 해달라는 대로 마음껏 해줄 수 있는 현재의 삶에 행복해한다. 그것이 사랑하는 나의 아이에게 독이 될 수 있음을 뒤미처 깨닫곤 하는데 그때는 이미 늦어버린 때일지도 모른다.

지금까지 자신이 원하는 것은 다 사줬으면서 이제 와서 갑자기 왜 사주지 않느냐고 발을 구르며 조르는 아이 앞에서, 부모는 아이의 욕구를 어디까지 채워주고 무엇부터 절제시켜야 할지 갈등한다. 그때 호주머니에 돈이 있는데 참을 수 있을까? 세상의 어떤 힘센 장수도 자기 자식은 이기지 못한다는 말이 괜히 생긴 게 아니다.

그 때문에 신체만 성장한 성인을 주변에서 많이 본다. 자기 꿈도, 계획도 명확하지 않고, 어려움을 극복한 경험도 빈약하다. 다행히 인생이 무사태평하게 흘러간다면 모르겠지만, 삶은 그럴 리 없다. 호화롭게 지은 타이타닉호도 거대한 빙산 앞에서 전복됐다.

경제적으로 독립해야 진짜 성인이다

나는 완전한 성인이 되는 조건이 나이만은 아니라고 생각한다. 가장 필수적인 조건은 경제적으로 독립된 존재여야 한다는 것이다. 그래야 자기 인생을 스스로 선택하여 자기 의지대로 꾸려갈 자유도 주어지니까.

돈 걱정 없는 집안에서 태어났지만 성인이 되어서도 스스로 살아갈 경제력을 갖추지 못하여 부모에게 의존하며 직업이나 결혼 등 인생의 중요한 선택을 부모의 의견에 좌지우지당하는 경우는 꼭 드라마 속에만 있는 이야기가 아니다.

더욱 큰 문제는 실상 이런 걱정조차 일부의 배부른 근심일 수 있다는 사실이다. 앞으로의 세대는 부모보다 가난한 세대가 될 것이라고 한다. 취업은 점점 어려워지고 자기 집 마련은 꿈꿀 수조차 없어서 연애와 결혼과 출산마저 포기한다는 이야기가 진작 우리에게 닥친 현실이다. 초고속으로 진행되는 노령화로 한 사람이 책임져야 할 노인이 등짐 가득한 시대가 코앞이다. 등짐을 감당할 능력은 고사하고, 늙은 부모의 육아낭에서 기어 나오지도 못하는 유약한 성년이 많은 미래는 모두에게 불행이다.

연금 못지않게 자녀가 자립적인 성인으로 살아갈 수 있도록 경제 교육을 제대로 시키는 일도 부모의 중요한 노후 준비다.

경제를
글로 배운다고?

교육 전문가는 아니지만 두 아이의 엄마이자 사업가로서 내가 우리의 경제 교육을 걱정스레 바라보는 대목이 바로 이 지점이다. 경제적 부가 더욱 양극화되고 경제적 환경이 각박해질 미래 세대에게 우리는 마땅히 가르쳐야 할 것을 가르치지 않는 듯하기 때문이다.

"너는 아무 걱정 하지 말고 살아. 돈 걱정은 엄마, 아빠가 다 알아서 할 테니까 너는 마음 편히 공부만 하면 돼"라면서 돈에 대해 쉬쉬하는 동안 우리 아이들은 무능한 성인으로 자라난다.

책상에 앉아서 선생님이 수업 시간에 가르쳐주는 어려운 경제 문제를 풀고 환율이나 스태그플레이션이나 헤지에 대해 공부하지만 정작 은행 금리, 은행 관련 업무를 보는 방법, 대출, 세금도 모르는 대학생이 얼마나 많은가. 그 어렵다는 기업 입사 시험을 통과하고도 자기 보험 약관은 부모에게 살피도록 하는 경우는 또 얼마나 많은가. 이렇게까지 얘기할 것도 없다. 사실 집에 있는 나의 가족들부터 그런 것에 관심이나 있는지 궁금해질 때가 많지 않은가.

연애를 글로 배우는 것 못지않게 경제를 글로 배우는 것도 문제라고 생각한다. 내가 살아온 인생을 돌아보면서 그때 내가 다른 선택을 했다면 지금 어땠을까 하는 아쉬움들을 떠올려봤다. 그리고 적어도 내 아이만큼은 스무 살에 성공적인 경제 독립을 할 수 있도록, 내 품속에서 키우는 20년이라는 시간 동안 세상 공부를 제대로 시켜서 사회에 내보내기로 마음먹었다.

젊은이들이 살아가기 힘든 세상인 만큼 젊은이들의 경제력은 더욱 중요해졌다. 돈에 대해 가르치지 않고 돈을 잘 벌기를 바라는 건 난센스다. 평생 아이의 머리 위를 헬리콥터처럼 떠돌며 돈을 뿌려줄 생각이 아니라면 우리가 아이와 함께하는 20년이라는 골든 타임을 절대 놓쳐서는 안 된다. 성년이 될 때 아이가 진정한 경제적 독립을 이루도록 키워야 한다.

소비만 할래, 생산도 해볼래?

경제 근력은 일상에서 자연스럽게 길러줄 것

나는 인생을 자기 뜻대로 펼쳐갈 자유와 권력을 가진 존재로 아이들을 키우고 싶다.

그러기 위해 경제적인 근력을 길러주자는 것이 부모로서 나의 경제 교육관이다. 앞에서도 얘기했듯이 법적으로 성년이 되었을 때 경제적으로도 자립하는 것이 진정한 성인이라고 믿기 때문이다.

아이는 날마다 조금씩 자라서 어느 날 어른이 되어 있을 것이다. 따라서 어른이 되기 위한 준비도 따로 날을 잡아서 하면 늦는다. 어릴 때부터 일상생활 속에서 자연스럽게 매일매일 이루어지도록 아이를 이끌어야 한다.

이런 생각을 가진 엄마를 만난 준이는 아주 어려서부터 일상생활을 하면서 재미있게 경제 교육을 받았다. 특별한 방법이 따로 있다기보다는 늘 부모의 일터에 함께 다니며 크고 작은 경제활동에 참여시키고 많은 대화를 나누었다.

우리 일터가 작은 놀이동산이기 때문에 세 살 때부터 준이는 놀이터에 가듯 스스로 기쁘게 따라나서곤 했다. 아이는 거기서 엄마가 손님을 맞으며 티켓을 팔고 매장과 직원들을 관리하며 돈을 버는 일상을 즐겁게 지켜봤다. 일거리가 넘치는 고된 사업장이었지만 나는 정말 일이 즐거웠고, 돈 버는 것은 더 즐거웠다.

아이는 돈 버는 과정을 즐기는 엄마를 바라보면서 다른 아이들보다 실제 경제 현장을 일찍, 그것도 긍정적으로 경험한 셈이다.

소비자 관점에서 생산자 관점으로 전환하는 대화법

무엇보다 나는 아이와 대화하면서 세상을 바라보는 아이의 관점을 바꿔주기 위해 지속적으로 노력했다. 단순히 남이 만들어놓은 물건을 사서 가지고 노는 소비자 관점에서 벗어나서, 새로운 물건을 발명하고 만들어서 판매하는 생산자 관점으로 세상을 대하도록 아이를 유도했다. 성장 환경이 바뀌지 않아도 자기 관점을 바꾸면 전혀 다른 세상이 펼쳐지기 때문이다.

소비자 관점에서 생산자 관점으로 바꾼다는 것이 어린아이에게는 너무 어려운 일이 아닐까 의문스러울 수 있지만 그렇지 않다. 말은 거창하지만, 실제로는 날마다 아이에게 재미있는 이야기를 들려주면서 적절한 질문을 던져 생각의 틀을 깨고 다른 각도로 세상을 바라보도록 즐거운 대화를 이끄는 것이다.

준이가 다섯 살 때 또봇 시리즈 장난감이 엄청나게 인기를 끌었다. 처음에 나는 또봇 시리즈로 나오는 장난감이 서너 개뿐인 줄 알고 아이가 사달라고 할 때면 웬만하면 사주곤 했다.

그런데 가만 보니 그 시리즈로 계속 새로운 또봇이 이어져 나왔다. 아이는 새로운 또봇이 나올 때마다 사달라고 떼를 썼다. 하나에 칠팔만 원 하는 가격이 나에게는 솔직히 부담스러웠다.

또봇을 다섯 개나 세워놓고도 다른 것을 또 사달라고 떼쓰는 아이를 보며 생각했다.

'이대로는 안 되겠구나. 경제에 대해 알려줄 때가 왔네.'

아이가 장난감을 달리 바라보도록 아이의 관점을 바꿔줘야겠다고 마음먹었다.

장난감을 사지 말고 장난감 사장님이 되기

나는 마치 재미있는 이야기를 시작하듯이 준이에게 말을 걸었다. 다음 대화는 실제로 그때 내가 아이와 주고받았던 이야기다.

엄마 "준아, 로봇 장난감이 그렇게 재미있어?"

준이 "네, 그럼요. 얼마나 멋진데요!"

엄마 "준이한테 로봇 장난감이 몇 개 있지?"

준이 "다섯 개요."

엄마 "너는 더 가지고 싶지?"

준이 "네! 훨씬 더 많이 가지고 싶어요."

엄마 "그런데 너는 로봇 장난감을 사서 놀기만 하지만 그걸 만드는 사람이 있단다."

준이 "진짜요? 그럼 로봇 장난감이 많아요?"

엄마 "그럼, 많은 정도가 아니지. 우리 집보다 훨씬훨씬 많이많이 한가득 로봇 장난감을 쌓아놓고서 전 세계에 있는 우리 준이 같은 친구들에게 팔아서 돈도 많이 벌고, 언제든지 가지고 놀기도 한대."

준이 "헉! 진짜요? 엄마, 나도 그렇게 하고 싶어요. 어떻게 하면 되나요?"

엄마 "우리 준이가 로봇 장난감을 만드는 공장 사장님이 되면 돼."

준이 "어떻게 하면 로봇 공장 사장님이 될 수 있어요?"

엄마 "아주 간단해. 우리 준이가 좋아하는 이 장난감을 더 재미있게 발명하면 돼. 친구들이 더 좋아하게."

준이 "발명요?"

엄마 "응, 로봇 장남감을 더 재미있게 만들려고 연구하는 거야. 그래서 특허를 내면 아무도 따라 만들 수 없거든."

그러고 나서 우리는 같이 인터넷으로 장난감 제조사를 찾아봤다. 장난감 회사의 홈페이지에는 회사를 소개하는 글과 함께 회사에서 생산하는 제품들이 쭉 펼쳐졌다.

먼 나라 남의 이야기로만 여겨졌던 일을 하는 사람들이 실제로 존재하고, 또 우리와 비슷한 모습을 하고 있기까지 했다.

아이의 눈이 둥그레졌다.

"이런 회사의 사장님이 되면 이 장난감을 전부 다 가지고 놀 수 있어. 우리도 장난감을 사지 말고 우리가 직접 만들어서 팔아보면 어떨까? 그럼 돈도 많이 벌고, 이것보다 더 많은 장난감을 실컷 가지고 놀 수 있을 텐데."

다섯 살 아이의 눈이 반짝반짝 빛났다.

그 후 아이가 장난감을 사고 싶어 할 때마다 매번 그냥 사주지 않고 이런 이야기를 들려줬다. 장난감을 잔뜩 쌓아놓고 사는 얼굴 모르는 사장님의 이야기를 재미있는 동화처럼 들려주면 아이는 장난감에 파묻혀 행복해하는 사장님을 상상하곤 했다. 가지고 싶은 물건을 남들이 만들어놓은 대로 사서 소비만 하는 것이 아니라, 자신이 직접 만들어 팔아서 세상 모든 아이를 기쁘게 하고 돈도 많이 버는 일이 더 멋지게 느껴졌을 것이다.

그렇게 아이는 물건을 살 때마다 좀 더 많은 생각을 하게 됐다. 내가 이것을 더욱 잘 만들 수는 없을까? 많이 팔리기까지 하면 훨씬 좋겠지? 자신이 좋아하는 장난감으로 돈을 벌 수도 있다는 생각의 첫 결실은 아이가 일곱 살 때 나타났다.

일곱 살 아이의 첫 미니카 사업

일곱 살 아이의 당돌한 판매 제안

준이가 유치원에 다니던 일곱 살 때였다. 남편이 아이에게 조그마한 미니카를 선물로 사다 주었다. 자신이 어릴 때 재미있게 가지고 놀던 경주용 미니카라고 했다. 작은 직육면체 상자 안에 들어 있는 자동차는 직접 조립해야 하는 모형이었다.

아빠와 함께 준이는 1시간 동안 재미있게 경주 자동차를 조립했다. 드디어 완성된 차에 건전지를 넣고서 달려가게 했다. 슈웅~. 작은 차가 야무지게 달렸다. 아이는 신이 나서 소리를 질러대며 기뻐했다. 자기 손으로 조립한 차가 달리니까 더 신기했을 것이다.

며칠 동안 미니카에 빠져서 지내더니 하루는 준이가 아빠와 한참 이야기를 나누었다. 제법 진지한 회의 같았다. 그러고는 아이가 나에게 다가와서 놀라운 제안을 했다.

"엄마, 이게 진짜로 재미있는데 가게에서 제가 팔아볼까요? 친구들도 좋아할 것 같아요."

아이의 손에는 미니카가 들려 있었다.

나는 그 이야기를 그만큼 미니카가 재미있다는 표현을 하는 것이라고 여겼다. 초등학교 입학도 안 한 일곱 살 아이가 무슨 장사를 한다고…… 나는 짧게 "No!" 하고 웃으며 넘겼다.

어떻게 하면 장사를 할 수 있나요?

그러나 준이는 며칠 동안 나를 따라다니며 얼굴이 마주칠 때마다 미니카 사업 이야기를 계속 꺼냈다.

"엄마, 이 미니카를 정말로 팔아보고 싶어요. 우리 가게에서 팔면 진짜 잘 팔릴 것 같아요."

나는 고개를 가로저었다. 내가 생산자 관점을 가르친 것은 창조적인 개발자의 시선으로 세상을 바라보며 자라났으면 하는 의도였다. 일곱 살에 장사라니 당치도 않은 소리였다.

"미니카는 그냥 집에서 재미있게 가지고 놀자."

"이건 우리 동네에서는 구할 수도 없다고요. 가게에서 팔면 잘 팔릴 거예요. 거기에 제 또래 친구도 많이 오잖아요."

아이는 어떻게든 나를 설득하려고 애썼다.

남편도 옆에서 거들었다.

"요즘 아이들도 미니카는 아주 좋아할걸."

사실 나는 미니카에 대해 아는 것이 전혀 없었다. 그런 내가 보기에는 사실 잘 팔릴까도 의심쩍었다.

"별로 안 팔릴 것 같은데."

내 반대가 완강하자 아이가 물었다.

"그럼 어떻게 하면 제가 미니카를 팔 수 있나요?"

아이는 쉽게 물러날 것 같지 않았다.

나는 높은 장애물을 제시했다.

"네가 정말로 우리 랜드에서 이걸 팔아보겠다면, 미니카 판매도 하나의 사업이니까 사업 계획서가 있어야 해. 한번 써볼래? 그러면 엄마가 꼼꼼히 검토하고 답해줄게."

"좋아요. 엄마, 그런데 사업 계획서가 뭐예요?"

세상에서 가장 귀여운 사업 계획서

나는 사업이 얼마나 어려운지를 알려주자는 뜻에서 사업 계획서에 대해 간단하게 설명했다.

"사업 계획서란 어떤 사업을 시작하기 전에 그 사업을 어떻게 운영할지 여러 계획을 미리 세우는 거야. 언제, 어디에서, 무엇을, 어떻게, 왜 판매해야 하는지 써 오면 돼."

물론 나는 반대할 목적이었다.

"우리 랜드의 어디에 네 미니카 판매장을 만들면 좋을지 그림으로도 그려봐. 엄마가 미니카 사업성을 판단하고 너의 정확한 의도를 알 수 있도록 잘 적어서 하나하나 설명하면서 엄마를 설득하면 되는 거야. 알겠지?"

"네, 엄마!"

아이는 씩씩하게 대답했다. 그러고는 자기 방으로 들어가서 종이와 펜을 가지고 나오더니 내 옆에 앉은 채 열심히 뭔가를 쓰기 시작했다.

첫 장에 '미니카 사업 계획서'라고 적고는 다음 장부터 미니카 그림도 그리고 언제, 어디서, 어떻게, 왜 팔지를 열심히 썼다.

한글을 막 뗀 일곱 살 꼬마가 삐뚤빼뚤한 글씨에 그림까지 넣어가며 A4 용지 몇 장에 걸친 사업 계획서를 완성했다. 이 사업 계획서를 나는 아직도 간직하고 있다.

미니카는 내 인생이다

준이가 쓴 사업 계획서 제목이 거창하게도 "미니카는 내 인생이다"였다.

남편과 나는 그 사업 계획서를 보고 몇 가지 질문을 했다. 사업 자금, 즉 초기 투자 비용은 어떻게 마련할 것인지, 사업장은 구체적으로 어느 자리에 만들 것인지, 사업자가 유치원에 가 있는 동안에는 어떻게 사업장을 운영할 것인지 등에 대해 진지하게 물었다.

준이는 사업 초기의 투자 비용은 지난달 설날에 받은 세뱃돈으로 충당할 것이며, 사업장은 또래 친구가 많이 놀러 오니까 우리 랜드의 휴게 카페에 있는 책장을 조금 비워서 마련하고 싶다고 했다. 그리고 유치원에 가 있는 동안에는 어쩔 수 없지만, 대신 유치원에 가지 않아도 되는 주말에는 자신이 직접 진열도 하고 판매도 하겠다는 것이었다.

일곱 살 아이가 제법 요망지게 또랑또랑 얘기했다.

장애물을 다 넘은 아이의 장사를 말릴 명분이 더는 없었다. 남편도 그런 아들이 기특했는지 아빠 미소를 얼굴 가득히 지으면서 자꾸 거들었다. 결국 아이는 사업 계획서를 통해 자기 목표대로 완벽하게 엄마, 아빠 사장님을 설득하는 데 성공했다.

마침 설날이 얼마 지나지 않은 때여서 아이에게는 받아둔 세뱃돈이 그대로 있었다. 그 돈에다가 그동안 모아둔 약간의 용돈까지 합쳐서 40만 원을 미니카 사업 자금으로 쓰기로 했다. 판매 장소는 아이의 제안에 따라 별도로 비용을 들이지 않고 우리 랜드의 휴게 카페 책장에 마련하기로 했다.

우리 세 식구는 40만 원을 들고서 서울에 있는 미니카 본사에 가기 위해 비행기에 올랐다. 남편은 자신이 어린 시절부터 좋아하던 미니카를 잔뜩 살 생각에, 아이는 그걸 팔 생각에 둘 다 신났다.

미니카 본사에 가서 우리 관광업체를 소개하고 거래를 원한다는 이야기를 해봤다. 다행히도 아직 제주도에는 본사와 거래하는 곳이 없었다. 우리에게 도매가로 공급해주는 걸로 거래가 성사됐다.

미니카가 칸칸이 한가득 진열된 전시 창고를 누비면서 준이가 직접 미니카 50여 대를 신중하게 골랐다. 자기 사업이기도 했고, 판매 대상이 아이들이니까 아이의 눈에 재미있어 보이는 것을 선택하는 편이 좋을 듯했다. 그렇게 주문을 해놓고 택배 발송을 요청한 후 우리는 제주도로 내려왔다.

눈이 빠지게 기다리다 드디어 미니카가 도착한 날, 준이는 한달음에 매장으로 달려갔다. 아이들의 눈높이와 손이 닿는 지점까지 고려해가며 제법 감각 있게 상품들을 진열했다. A4 용지에 '미니카 판매'라고 크게 프린트하여 카페 곳곳에 붙이기도 했다.

이렇게 준이의 첫 상점인 미니카 판매점을 개장할 준비를 마쳤다.

부모를 움직인 사장님은 유치원생

사장님이자 점원인 준이가 월요일에서 금요일까지는 유치원에 다녀야 하는 유치원생이었기에 매장에 나올 수 있는 날은 토요일과 일요일뿐이었다. 그래서 미니카 판매점 오픈일을 토요일로 잡았다.

오픈 첫날, 드디어 첫 미니카를 팔고는 준이의 입이 귀에 걸렸다.

미니카는 처음에는 주로 남성 어른들이 샀다. 남편이 그런 것처럼 확실히 그 세대에게 추억의 장난감인 모양이었다. 조금조금 팔리기 시작한 미니카는 6개월 정도 지나자 어느 정도 안정적으로 판매가 되었다.

그러다가 매출이 더 이상 늘지 않는 정체기가 찾아왔다. 아이는 고민에 빠졌다.

"나는 이게 너무 재미있는데 왜 잘 안 팔릴까?"

그때부터 아이는 카페의 제일 좋은 자리에 앉아서 미니카를 펼쳐놓고 직접 조립하기 시작했다. 자신이 만드는 모습을 다른 친구들이 볼 수 있게 하기 위해서였다.

또래 아이들이 준이 주위로 몰려들었다. 가까이 다가와서 지켜보는 아이들에게 준이가 말을 걸었다.

"이게 얼마나 재미있는 줄 아니? 너도 한번 만들어볼래?"

제 옆자리에 앉히고 시범을 보이다가 직접 만들어보라며 살짝 체험도

시켜줬다.

내가 설명해주려고 가까이 가려 하면 준이는 나에게 저리 가라는 손짓부터 했다. 그러고는 부모님을 조르러 가는 아이를 따라가서 "이거 진짜 재미있어요" 하고 거들었다. 그 집의 아빠가 "어, 나도 옛날에 가지고 놀던 건데!" 하고 흥미를 보이면 하나를 파는 데 성공하는 것이다.

사업도 자라고 아이도 자란다

그 후에 다시 미니카 판매 정체기가 왔다. 도구가 따로 없어서 그 자리에서 바로 만들고 싶어도 만들지 못하는 경우가 생겨났다. 작은 상자를 마련해 가위나 니퍼 같은 체험 공구를 담아서 미니카를 사는 사람들에게 무료로 빌려줬다.

나중에 보니까 그렇게 팔려 간 미니카는 아빠들의 차지가 되었다. 아빠들은 신이 나서 조립하고, 그사이에 엄마들은 미니카 조립이 끝나기를 기다리며 카페에서 커피를 마셨다.

준이가 아홉 살일 무렵에는 미니카 판매 수익금으로 3개짜리 레일을 사서 미니카 경기장을 만들었다. 미니카 경주 대회는 토요일 오후 2시에 열었는데 경기가 열리면 어른들은 구경하고 꼬맹이들은 소리치며 응원했다. 반응이 무척 좋았다. 우리는 미니카의 속도를 더 올릴 수 있는 모터도 별도로 팔기 시작했다.

사업 성공의 기미가 보이자 추가 투자에 들어갔다. 임시로 만들어놓은 미니카 경기장을 전문가용으로 다시 구축했다. 관광객들뿐만 아니라 제주도 안의 미니카 있는 친구들이 찾아오기 시작했다. 준이의 미니카 판매는 더더욱 잘됐다.

최근에는 코로나 때문에 아무래도 손님들이 전처럼 많이 찾아올 수 없어서 준이는 미니카 판로를 조금 바꿨다. 당근마켓에 올려서 직거래를 하거나 택배로 팔기도 한다.

돈으로 따질 수 없는 성공의 크기

미니카 하나로도 준이의 판매 방식은 소비자의 니즈와 시장 상황에 맞추어 계속 변화하고 발전했다. 살아 있는 경제 공부였다. 준이는 진열 방식을 배우기 위해 백화점에 입점한 미니카 매장을 찾아가서 사진을 찍어 오는 등 많은 연구와 공부를 통해 스스로 새로운 시도를 해나갔다.

준이의 미니카 사업은 지금도 진행형이다. 그렇게 40만 원으로 시작한 사업은 순수익만 600만 원이 넘었다. 그런데도 어떤 사람들은 말한다.

"그 정도밖에 안 되면 망한 사업 아니야?"

어른의 수준에서는 그럴 것이다. 그러나 아이의 수준에서는 대단한 성과라고 생각한다. 무엇보다 아이가 스스로 사업의 뜻을 세운 후 쉽게 포기하지 않은 채 열심히 진행시키고 계속 발전하여 끝끝내 성공해낸 경험을 가지게 됐다. 그리고 작은 사업을 통해 얻은 수익금은 소중한 시드 머니로 주식에 투자되어 훨씬 큰돈이 되었다.

TIP 아이의 작은 사업을 지원하는 방법

1. 아이의 사업 제안을 진지하게 경청한다.
2. 아이 스스로 사업 계획을 세워보게 한다.
3. 아이가 자신이 작성한 사업 계획서로 다른 사람을 설득해보도록 한다.
4. 사업에 필요한 거래를 위한 현장에 아이를 동참시킨다.
5. 아이의 계획대로 실제 운영을 맡긴다.
6. 크고 작은 성과를 아이가 직접 느껴보게 한다.
7. 판매 전략 등을 한 단계씩 꾸준히 업그레이드한다.

스스로 돈을 벌어주는 열두 살 아이의 자판기 사업

내가 없어도 돈을 버는 시스템 만들기

준이는 100권짜리 위인전을 선물로 받은 적이 있다. 한 권씩 탐독하다가 '석유 왕' 존 데이비슨 록펠러John Davison Rockefeller에 관한 위인전에서 록펠러가 어렸을 적에 자판기 사업을 했다는 이야기를 읽고서 자신에게 좋은 생각이 있다며 뛰어왔다. 아들이 열두 살 때였다.

"엄마, 저도 자판기 사업을 하면 어떨까요?"

준이는 미니카 판매에 성공하자 계속해서 다른 방법으로도 용돈을 벌 궁리에 빠져 있었다. '어떻게 하면 내가 없어도 돈을 벌 수 있을까?' 하고 이런저런 연구 끝에 떠오른 것이 자판기였다고 한다.

"왜 하필 자판기야?"

내가 물었더니 아이가 술술 대답했다.

"저는 학교에 가야 하니까 낮에는 일을 할 수 없잖아요. 자판기를 놓으면 제가 학교에 있는 동안에도 돈을 벌 수 있을 거예요. 주말에만 관리해줘도 충분하고요. 그래서 저한테 아주 딱(!)인 것 같아요."

예전에는 우리 사업장에 자판기가 두 대 있었다. 내가 휴게 공간에 카페를 오픈하며 치워버렸다. 벌써 10년 전 이야기다.

우리 랜드에는 단체 학생 손님이 자주 오는데 학생들은 커피보다 다른 음료를 찾았다. 승마를 하고 나온 사람들도 더워서 시원한 음료수를 찾는다는 것을 아이가 유심히 본 모양이었다.

아이가 하는 말에 일리가 있기에 흔쾌히 대답했다.

"오케이! 아주 좋은 생각이야. 내가 없어도 돈을 벌 수 있는 시스템 만들기! 훌륭해. 그럼 바로 자판기를 알아볼까?"

아이가 감당할 수 있는 한도 내에서 시작하기

우리는 지체 없이 자판기를 같이 알아봤다. 사람들이 많이 찾는 청량음료 C를 만드는 회사와 이온 음료 P를 만드는 두 업체에 문의했다. 두 회사 모두 처음에 음료수 15만 원어치를 주문하면 자판기를 무료로 설치해주겠다고 했다. 준이가 모아둔 용돈으로 투자 가능한 금액이었다.

그때 우리 사업장은 리모델링 공사가 예정되어 있었다. 두 대를 설치하면 번거로울 것 같아 이온 음료 자판기 한 대만 설치하기로 결정했다. 운영 담당자는 당연히 준이였다. 자판기는 아이에게 꽤 쏠쏠한 용돈 벌이가 되었다.

자판기를 관리하는 일은 생각보다 아주 간단하다. 기계에 음료수를 채워 넣고 기계를 청결하게 관리해준다. 음료수 재주문도 문자로 보내면 되어서 전혀 복잡하지 않다. 그리고 매출이 발생하면 그에 맞추어 지폐와 동전을 수거한다.

준이의 말대로 초기 투자금도 적고 관리 시간도 많이 들지 않아서 학생이 할 수 있는 좋은 사업이었다. 다만 전기세도 원가에 포함해야 한다는 것을 잊으면 안 된다.

열두 살의 자판기 사장님인 준이는 기계 안에 쌓인 돈을 수거한 뒤 음료수를 가득 채우고 돌아서면 늘 흥이 넘쳐서 댄스가 절로 나오는 모양이었다.

준이는 다시 성읍랜드 사무실의 엄마 자리 옆 책상에 앉아서 궁리하기 시작한다.

"이제는 또 무엇을 시도해볼까?"

이런 작은 성취감, 작은 성공이 모이고 모여서 훨씬 큰 성공으로 발전하리라고 믿어본다.

TIP 간단하게 자판기 사업을 시작하는 방법

1. 자판기를 설치할 장소를 정한다.

2. 음료수 자판기 업체를 섭외한다.

3. 총 초기 투자 비용은 15만 원(자판기는 무상 대여, 음료수만 구입)!

4. 음료수 재주문은 문자로 보낸다.

5. 지폐와 동전을 수거한다.

6. 자판기를 닦아주며 깨끗하게 관리한다.

특허는 미래를 위한 적금

아이의 엉뚱한 생각도 발명 특허가 될 수 있다

코카콜라를 발명한 사람은 존 펨버턴John Pemberton 박사였지만, 코카콜라라는 상품을 만드는 회사를 차려서 막대한 돈을 벌어들인 인물은 펨버턴 박사에게 제조법을 사서 특허를 따낸 아사 캔들러Asa Candler이다.

상상력이 풍부했던 나는 초등학생일 때 발명 아이디어가 아주 많았다. 여덟 살 때 우연히 TV를 보다가 특허제도라는 것을 알게 되어 발명 아이디어를 많이 구상하고 그려놓았지만, 그때는 특별히 나를 도와줄 어른이 있지는 않았다. 어린아이가 특허를 출원하겠다는 이야기는 보통 어른들에게는 허황하게 들렸을 것이다. 더구나 30년 전이었으니 더욱 그랬다.

내가 그냥 흘려버린 아이디어 중에는 아까운 것이 꽤 많다. 콘센트로 말려 들어가는 전선, 방바닥과 벽이 맞닿는 가장자리를 따라 길고 가늘게 홈을 만들어서 버튼만 누르면 방바닥 전체의 먼지가 자동으로 빨려 들어가게 하는 스피드 자동 청소 흡입 장치, 엄마가 밀대로 도넛 반죽을 미는 모습을 보고 떠올린 밀대를 여러 개 이어 붙인 '돌돌돌 미끄럼틀' 등. 그중에서 돌돌돌 미끄럼틀은 나중에 미국에 놀러 갔다가 공원 놀이터에서 실제로 보기도 했다.

아이들의 이야기는 엉뚱해서 재미있다. 이성에 기반하여 논리적 사고를 하는 어른들로서는 불가능한 자유로움과 기발함이 있다. 내가 준이의 말을 경청하는 것은 아이들의 자유로운 상상력에 거칠게 잠재되어 있는 뛰어난 가능성을 경험해서다.

아이를 특허의 세계로 이끈 딱지

준이는 어릴 때부터 뭐라도 한 가지에 빠져들면 몰두해서 정신없이 그것만 했다.

일곱 살 무렵에는 딱지에 푹 빠졌다. 자신이 우유 곽으로 만든 딱지를 가지고 동네 형들과 시합했다가 지고 와서는 더 강력한 파워를 가진 고무딱지가 없어서 시합에서 졌다며 울고불고 난리가 났다. 그래서 1만 원이나 주고 고무 딱지 한 박스를 사줬더니 그마저 다 잃고 왔는데 아주 가관이었다. 땀범벅에 바지 무릎에는 구멍이 뚫려 있고 손바닥에도 상처가 나서 완전히 비렁뱅이 꼴이었다.

아이들에게 장난감을 사줄 형편이 안 되었던 덴마크의 목수 아버지가 나무를 깎아 만든 것이 레고 블록의 시초였다고 한다. 장난감도 자신이 직접 만들면 단순한 장난감이 아니다. 인생과 가문을 바꿔놓을 수 있는 '물건'이 된다.

딱지에 너무 빠진 아이를 지켜보면서 나는 이대로는 안 되겠다 싶었다. 나는 딱지를 바라보는 아이의 관점을 소비자 관점에서 생산자 관점으로 바꿔주고 특허 출원으로까지 연결하도록 아이와의 대화를 이끌어갔다.

그렇게 딱지와 함께하면서 5년이라는 긴 시간이 지나자 딱지는 준이에게 의미 있는 '물건'이 되었다. 약 오르고 눈물 나는 어린 시절 이야기의 중심 소재이기도 했지만, 특히 발명과 특허의 세계로 들어가는 계기를 마련해줬다. 눈물 바람 딱지 덕분에 준이는 '딱지 왕'으로 거듭났고, 실제로 여러 아이디어로 발명을 시도하기도 했다.

쭈니맨이 들려주는 눈물의 딱지 이야기

딱지 에피소드는 〈쭈니맨〉과 〈권준TV〉의 영상 콘텐츠가 되었다. 준이가

〈쭈니맨〉을 통해 직접 들려준 눈물의 딱지 이야기를 그대로 인용하겠다. 가장 센 딱지를 발명하기 위해 아이가 어떤 노력을 했는지, 아이가 단순한 놀이로서가 아니라 특허 대상으로서도 딱지에 관심을 갖도록 어떻게 이끌었는지가 생생하게 담겨 있다.

> 일곱 살 때 한참 딱지에 빠져 살았던 적이 있습니다.
> 집 앞 놀이터에 가면 형들이 딱지 치는 모습을 옆에서 늘 재미있게 쳐다봤고, 집에 돌아와서는 우유 팩과 신문으로 딱지를 접어서 정말 열심히 딱지치기 연습을 했습니다.
> 제 스스로 '연습은 충분하다. 이제 실전으로 뛰어들 시간이다'라는 생각이 들었을 때, 저는 자신감으로 충만해져 가방 한가득 만들어둔 최강 파워 딱지들을 가지고 비장한 발걸음으로 놀이터로 향했습니다.
> 무리 지어 열심히 딱지를 치고 있는 형들에게 나도 같이하고 싶다고 얘기했고, 본격적으로 딱지치기를 시작했습니다.
> 그런데 몇 분 지나지 않아…… 제가 가지고 있는 딱지를 전부 다 잃어버렸고, 저는 너무 분하고 억울해서 그 자리에 쓰러져 엉엉 울었습니다.
> 저보다 힘센 형들을 이길 수도 없었고, 제가 아끼는 모든 딱지를 싹 다 잃었으니까요. 딱지를 돌려달라고 사정하며 떼도 써봤지만, 형들은 깔깔 웃기만 할 뿐 전혀 통하지가 않았습니다.
> 제가 딱지치기를 할 때부터 멀리서 조용히 지켜보던 엄마가 땅바닥에

주저앉아 대성통곡하는 저에게 다가오셨고, 저는 분한 마음을 겨우 진정시키고 엄마에게 기대어 겨우겨우 집으로 돌아왔습니다.

한참을 울고도 스스로에게 분이 안 풀린 저는 딱지치기에서 진 원인을 분석하기 시작했습니다. 아무래도 딱지 때문인 것 같았습니다.

제가 만든 최강 파워 딱지의 재료가 겨우 종이인 우유 팩이니까 약해서 도저히 고무 딱지를 이길 방법이 없는 것 같았죠. 이번에는 엄마에게 생떼를 썼습니다.

"고무 딱지를 사달라고요!"

엄마는 곰곰이 생각하시더니 이렇게 말씀하셨습니다.

"알았어. 이번이 처음이자 마지막이야. 고무 딱지 한 박스를 사줄게. 대신 이것마저 잃으면 딱지 문제가 아니라 너의 실력 문제니까 더 이상은 절대 못 사준다. 알았지?"

며칠 후 고무 딱지 박스가 도착했습니다.

우와, 정말 많이 들어 있더라고요.

다시 집에서 고무 딱지로 맹렬하게 연습을 거듭한 뒤 더욱더 비장한 마음으로 놀이터에 내려갔습니다.

늘 딱지를 치던 형들이 그날도 여전히 딱지치기를 하고 있었어요. 다시 돌아온 저에게 어서 오라고 손짓하면서 제 딱지를 따먹을 생각에 신났더라고요.

저는 형들과의 딱지치기에 재도전을 했고, 역시 고무 딱지의 파워가 세다 보니 이전보다는 조금 더 시간을 끌었습니다.

그래도 여전히 제 고무 딱지를 다 따먹히고 있었는데요. 무릎을 꿇고 딱지를 치느라 바지 무릎은 너덜너덜해지고, 힘껏 내리쳤더니 팔은 빠질 것 같고…….

그 많던 딱지를 다 잃고 다섯 개쯤 남았을 때 저는 정신을 차렸습니다. 이마저 다 잃게 될 것 같아서 그만하겠다고 벌떡 일어나서 분한 발걸음으로 집에 돌아왔습니다. 창문으로 저를 지켜보신 엄마는 이미 제 상황을 다 아시는지 아무 말씀이 없으셨어요.

너무 속상한 저는 소파에 누워서 몇 개밖에 남지 않은 고무 딱지를 끌어안고 다시 눈물을 흘렸습니다.

그때 엄마가 저에게 다가오셔서 이런 이야기를 들려주셨어요.

"준아, 준이가 좋아하는 고무 딱지가 아주 많이 있으면 좋겠어?"

"네! 진짜 많이많이 있으면 정말 좋겠어요. 딱지 부자가 되고 싶어요. 그런데 지금 다 잃어서 너무 슬퍼요."

"그럼 엄마가 하는 이야기를 잘 들어봐. 너도, 다른 아이들도 그렇게 좋아하는 고무 딱지를 아주 많이 만들어서 우리 집보다 더더더 많이 쌓아놓고 팔아서 큰 부자가 된 사장님이 있어."

"우와~ 진짜요? 고무 딱지가 그렇게 많아요?"

"그럼! 우리나라 아이들뿐만 아니라 세계 아이들에게도 팔아서 돈을 아주 많이 벌고, 파워가 더 센 딱지를 자꾸 개발해 그때마다 또 팔아서 또 돈을 벌고…… 본인도 딱지를 치고 싶을 때 실컷 치고!"

"우와~ 엄마, 진짜요? 나도 딱지 공장 사장님이 될래요. 딱지도 만들고, 그걸 팔아서 부자도 되고. 어떻게 하면 돼요?"

"그러려면 이 딱지를 연구해봐야 해. 어떻게 하면 지금 시중에 나와 있는 이 딱지보다 더 힘세고 아이들이 더 좋아하는 딱지를 만들 수 있을지 관찰하고 고민해서 특허를 받아야 해."

"특허가 뭔데요?"

"특허를 받으면 다른 사람이 네 아이디어를 못 따라 하게 돼. 만약 그래도 따라 하고 싶다고 하면 돈을 받고 네 아이디어를 팔 수도 있어."

그런 세상이 있었다니요! 내가 좋아하는 것을 즐기면서 그걸 팔아서 돈도 벌 수 있는 일 말이에요.

"엄마, 저는 딱지를 연구해서 특허를 내고 팔아서 돈도 많이 벌고 세상에서 딱지도 가장 많은 부자가 될 거예요!"

그때부터 저는 몇 년 동안 가장 센 딱지를 연구하고 만들면서 딱지 박사가 되었습니다.

비록 제 딱지로 사업은 하지 못했지만, 저의 또 다른 유튜브 채널 〈권준TV〉에 최강 파워 딱지를 만드는 꿀팁을 영상으로 남겨놓았죠.

일곱 살에 딱지 덕분에 제 관점을 바꾸게 됐습니다. 소비자가 아니라 생산자가 되어서 내가 좋아하는 일을 하면서 돈도 벌고 남도 즐겁게 할 수 있다는 것. 저는 이렇게 사업에 눈을 떴습니다.

— 유튜브 〈쭈니맨〉 '7살 눈물의 과거 이야기' 중에서

아이가 좋아하는 것을 연구하게 할 것

준이는 스스로 딱지를 개발하겠다면서 고무, 신문지, 우유 곽, 박스, 검정테이프, 청테이프 등을 동원하여 '최강 파워 딱지' 연구를 거듭했다. 딱지 놀이가 재미있는 데다가 그걸로 특허도 따내고 돈도 벌 수 있다니 신났을 것이다.

딱지 연구에 삼사 년 몰두하고 나니 더 이상 아이디어가 나오지 않았나 보다. 결국 딱지로 특허를 획득하지는 못했지만, 대신 아이는 딱지 박사가 되었다.

준이의 딱지는 학교에서 나름 유명했다. 바자회에서 인기리에 팔리기도 했다. 바자회가 열리기 며칠 전부터 아이는 자기 딱지를 유행시키기 위해 운동장에서 신나게 딱지치기를 했다. 실제로 이 작전에 성공해서 딱지는 아이들, 특히 후배들 사이에 유행이 되었고, 준이가 만든 슈퍼 파워 딱지는 바자회에서 인기 상품으로 떠올랐다. 물론 다른 아이들도 대개 딱지를 접을 줄 알지만, 그걸로 특허를 내서 돈을 벌겠다고 달려들어 연구한 준이만큼 다양한 방법으로 접지는 못했나 보다.

준이가 만든 딱지 중 달력 딱지가 제일 힘이 세다. 달력으로 딱지를 접어서 테이프를 이용하여 가로세로로 스무 번쯤 감는다. 딱지 위에 딱지 하나가 더 걸쳐져 있을 때 그 딱지를 내리쳐서 한 번에 뒤집는 기술을 쓰기에 좋은 딱지다. 이 달력 딱지는 바자회에서 3,000원에 팔렸다. 우유 곽 딱지는 그냥 접으면 마우스만 해진다. 그래서 우유 곽을 다 펼친 다음에 테이프를 감아서 크고 강하게 만든다. 그 딱지는 바자회에서 5,000원에 팔렸다. 우유 곽 딱지를 한 번 치면 옆반 선생님들이 달려오실 정도란다. 보통 딱지에 비해 소리가 다섯 배는 크기 때문이라나.

관심만 있다면 특허 거리는 어디에든 있다

준이가 딱지로 특허를 내겠다며 한창 몰두해 있던 여덟 살 때였다.

남편이 외출하는데 늦었는지 몹시 서둘렀다. 바쁜 와중에도 패셔니스트답게 멋진 구두를 고르더니 허둥지둥 구두 주걱을 찾았다. 공교롭게도 그날 구두 주걱이 안 보였나 보다. 남편은 급했는지 구두 주걱 대신에 다른 것을 구두 뒤축에 쑤셔 넣는 게 아닌가. 놀랍게도 장우산이었다.

그 순간 내가 외쳤다.

"준아, 이거야! 특허감이야!"

거실에 있던 준이가 눈이 휘둥그레져서 뛰어왔다.

어느 집이든 현관에는 장우산이 있다. 장우산 끝에다가 미니 구두 주걱만 붙여놓아도 특허감이 될 수 있지 않을까? 아이는 내 말을 듣더니 기발하다며 박수를 치고 좋아했다.

아빠를 배웅하는 것도 잊고서 우리는 구두 주걱이 달린 우산을 두고 이런저런 아이디어를 내기에 정신이 없었다. 우산을 신발 뒤축에 넣고서 신고 벗기를 여러 차례, 금세 '구두 주걱 겸용 우산'을 그림으로 완성할 수 있었다.

인터넷에서 특허 전문 변리사를 찾아서 상담한 후 메일로 우리의 아이디어 그림을 보냈다. 며칠 후에 돌아온 답변은 벌써 일본인이 국제 특허로 내놓은 아이디어라는 것이었다.

"준아, 이것 봐. 엉뚱하고 말도 안 되는 아이디어 같지만 이미 일본 사람이 특허를 냈잖아."

한 발 늦기는 했지만, 준이와 나는 우리 아이디어로 특허를 따내는 일이 아주 허황되지는 않음을 경험했다.

그 후로 우리는 이야기를 하다가 발명 아이디어가 떠오를 때마다 눈을 휘둥그레 뜨고 서로를 쳐다보며 소리친다.

"그래, 이거야! 대단한 생각인데! 우리 이걸로 특허 신청을 해볼까?"

어느 날, 준이가 엄마를 도와준다고 입구가 좁은 커다란 통에 깔때기를 꽂고서 쌀을 부었다. 자꾸 옆으로 새는 쌀알들을 주워 모으며 불편하다고 투덜대더니 말했다.

"엄마, 잠깐! 이건 발명 거리인데요."

쌀을 붓다 말고 갑자기 우리는 깔때기를 연구하기 시작했다. 서로 이런저런 아이디어를 내면서 실제로 시도해보다가 쌀을 바닥에 쏟으면서도 깔깔거리며 떠들었다. 뭐가 저렇게 날마다 재미있을까, 남편은 우리를 흐한한 듯 쳐다봤다.

아이의 자유로운 상상이 진짜 특허로 이어지다

마침내 준이가 초등 4학년 때 학교에서 발명 아이디어 금상을 받는 쾌거를 이루었다.

아침에 빨래를 널고 있었다. 등교 시간은 촉박한데 그제야 학교 발명대회 숙제를 해가야 한다며 아이가 울상이었다.

"시간이 없으니까 지금 이 빨래 건조대를 가지고 생각해보자. 발명 아이디어는 어떤 물건이든 불편한 점을 찾아내어 개선하는 것에서 시작되는 거야. 뭐가 있을까?"

우리는 빨래 건조대를 주제로 아이디어를 짜냈다. 바쁜 사람들은 발로 작동할 수 있는 건조대를 원할 것 같았다. 빨래 건조대의 상부 행거 프레임에서 한쪽 가로 지지봉이 없어서 널린 빨래들이 한번에 쑥 떨어지는 신혁명 스피드 빨래 건조대로, 발로 눌러서 작동시키는 구조다. 호텔용 대용량 빨래 건조대도 설계했다. 이 아이디어로 급하게 숙제를 해 갔는데 결과는 놀라웠다. 학교에서 금상을 받고 발명반 선생님에게 칭찬까지 들었다.

나는 준이의 금상 소식을 접한 즉시 변리사에게 전화를 걸었다. 이 빨래 건조대는 실제 특허로까지 이어져서 준이는 현재 특허권을 소유하고 있다.

두 번째 발명품은 5학년 발명 대회에 출품하기 위한 것이었다. 우리는 '책'을 주제로 발명 아이디어를 구상하기로 했다. 책을 편하게 이용하도록 도와줄 수 있는 것들을 전부 적어봤다. 포스트잇, 볼펜, 형광펜, 카드나 학생증 등을 수납하는 공간, 어디서든 펼칠 수 있는 독서 삼각대……. 이 모든 것이 다 들어가는, 지퍼가 달린 북커버를 만들었다. 이번에도 금상을 노렸으나 결과는 동상이었다.

발명가의 눈으로 세상을 바라보면 특허로 낼 만한 아이디어가 수시로 팡팡 떠오른다. 나는 아이한테 이렇게 말하곤 한다.

"세상에 완전히 새로운 것은 없어. 기존 물건에 아이디어 한 가지만 더 해보자. 각자 다른 물건인데 같이 쓰면 더 편해지는 물건들도 생각해봐. 그렇게 물건들끼리 결합해보는 것도 아이디어야. 휴대폰과 컴퓨터가 만난 게 스마트폰인 것처럼. 이런 훈련을 하다 보면 언젠가 세상에 없는 대단한 발명이 나올 거야."

아이들은 어른에 비해 선입견이 없어서 더욱 독특하고 기발하며 창의적인 생각을 잘해내곤 한다. 준이가 발명 아이디어를 낼 때마다 나는 눈을 크게 뜨고 고개를 끄덕이며 경청하고 응원한다.

"우와, 너의 그 생각은 정말 대단한데. 엄마는 이렇게 생각했는데 우리 같이 발전시켜보면 어떨까?"

우리는 어떤 아이디어가 떠오르면 특허를 출원하기 위한 준비를 실행한다. 아이디어 내용이 정리되면 아이 앞에서 변리사와 통화하는데, 이렇게 통화하는 걸 들려주는 것도 교육이다.

특허는 아이의 미래를 위해 묻어두는 보물

좋은 아이디어를 특허로 등록해놓는 것은 아이의 미래를 위해 적금을 들어두는 것과 마찬가지다. 이게 실제로 아이의 미래 사업 아이템이 될 수도 있다.

"일상생활 속에서 불편한 게 있으면 그것을 개선할 아이디어를 생각해보는 거야. 그래서 특허 신청을 하는 거야. 아이디어만 팔아도 돼. 굳이 그 물건을 직접 만들지 않아도 되는 거지."

준이와 나는 평소에도 이런 아이디어 계발 훈련을 위한 대화를 자주 나눈다. 아이는 생산자 마인드로 발명이나 특허에 대한 두려움도 없어서 자기 아이디어를 자유롭게 쏟아낸다. 내가 하는 일은 아이의 아이디어 내용을 정리하여 변리사에게 전달하는 것뿐이다.

몇 년 전에 준이가 동전 크기별로 칸칸이 분리되어 저금되는 돼지 저금통을 떠올린 적이 있다. 그 작은 아이디어 하나에도 귀 기울이고 깔깔대면서 나눈 이야기들을 정리하여 특허라는 결실을 만들어냈다. 실제로 우리는 칸칸이 저금통 디자인 특허를 2개나 획득했다.

그 후로 준이가 아이디어를 내면 나는 무조건 곧바로 정리해서 변리사에게 이메일부터 보낸다. 솔직히 변리사가 귀찮아할지 모르겠다. 하지만 아이의 미래를 위해 보물이 될지도 모를 아이디어를 확보해두는 일이라 미안함을 무릅쓰고, '바로 즉시!' 실행한다.

특허 이외에도 준이는 자신의 유튜브 채널명인 '쭈니맨'을 본인 명의로 상표권 출원 등록을 해놓았다. 자신이 열심히 만든 콘텐츠와 미래의 사업을 위해서 미리 상표권을 등록하는 등 자기 것을 지키는 게 매우 중요한 일이라고 알려줬다. 이렇게 진짜로 세상에서 능숙하게 살아가는 공부를 하나하나 해가는 과정에서 아이가 느끼는 재미가 쏠쏠하다.

TIP 1 아이와 함께 특허 내는 방법

1. 어떤 물건이든 사용하다가 불편하면 왜 불편한지 근본 원인을 찾아본다.
2. 기존 물건의 불편함을 개선할 수 있는 아이디어를 새롭게 결합한다.
3. 한 가지만 업그레이드해도 발명이다.
4. 발명 아이디어가 완성되면 글과 그림으로 정리한다.
5. 변리사에게 메일을 보내고 특허를 낼 수 있는지 확인한다.
6. 특허 출원 신청을 한다.

TIP 2 아이와 함께 상표권 등록하는 방법

1. 본인의 사업장 이름이나 콘텐츠 이름을 만든다.

2. 그 이름을 검색창에 검색해본다.

3. 변리사에게 상표권 등록이 가능한지 확인한다.

4. 상표권 출원 신청을 한다.

'주니와우몰'에서 라이브 커머스까지

어른이든 아이든 수입 파이프라인은 다양해야 한다

제주도에서도 코로나 시대에 살아남은 사업체들은 대개가 배달 식당이나 택배 발송이 가능한 온라인 쇼핑몰이다. 우리 사업장을 포함하여 사람과 대면해야 하는 사업장들의 타격은 너무나 크다.

성읍랜드만 해도 직원 15명 중 10명을 줄일 수밖에 없었다. 직원들이 대부분 타지 사람이어서 거의 다 고향으로 돌아갔다. 코로나가 횡행하는 시절에 제주도라는 관광지에서 일하는 걸 직원들의 가족이 불안해하는 경우가 많았다.

매출이 감소한 영향도 당연히 컸다. 2020년에만 그 전년도에 비해

70~80퍼센트의 매출 감소가 있었다. 운영 적자인 상태지만, 그렇다고 아주 문을 닫을 수도 없는 답답한 상황이었다. 들쑥날쑥하게라도 계속 개장하면서 문을 닫는 날에는 여기저기 시설을 정비해가며 공포 속에서 희망을 잃지 않은 채 힘들게 버티고 있다. 나는 성읍랜드 마당에 나무가 가득한 야외 정원 카페를 만들기 위해 나무를 심고 잔디 광장을 조성하는 중이다. 코로나 이후의 세상에 대비하기 위해서다. 장마가 들기 전에 나무를 심느라 봄볕 아래서 정신없이 일했다.

갑작스러운 위기가 닥치자 수입 파이프라인이 여러 개여야 한다는 원칙, 분산투자의 중요성이 더욱 절실하게 느껴졌다. 나도 성읍랜드 사업에만 올인하고 있었다면 지난해에 크게 휘청거렸을지 모른다. 수입이 들어오는 경로를 다양하게 만들어놓지 않으면 코로나처럼 예기치 못한 상황에서 위험해질 수 있다.

수입 파이프라인은 사업하는 어른들만의 화두인 것 같지만 꼭 그렇지는 않다. 나는 준이에게도 이 조언을 들려준다. 돈 버는 능력을 갖추되 그게 한 가지여서는 안 된다는 것까지 알려주는 것이다.

준이도 스스로 깨닫고 있었다. 코로나 위기로 자신의 미니카 판매점 판매가 중단되고, 단체 관광객이 찾아오면 많은 매출을 올리곤 했던 자판기 음료수 판매도 중단된 것이다. 음료수 자판기의 경우, 이런 상황에서도 전기세는 고정적으로 지출되고 있다는 문제까지 알게 됐다. 준이가 돈 버는 방법을 다양하게 구사하고, 최근에 주식 투자까지 시작한 것도 이런 문제들을 극복하기 위해서다.

새로운 시도가 습관이 된 준이는 여기서 멈추지 않고 계속해서 여러 일에 도전하며 수입원을 늘리고 있다.

아이의 아이디어로 집에서 할 수 있는 장사를 찾다

난생처음 코로나 팬데믹 사태를 맞았을 때는 이미 얘기했던 것처럼 나도 사업장을 잠시 폐장했다. 겨우 일주일간이었는데 문을 닫았던 지난해 3월에는 너무 괴롭고 두려웠다.

대피소에 숨어 지내는 것처럼 온 가족이 집에만 모여 있었다. TV를 틀면 연일 지구 전체가 코로나와 전쟁 중이라는 뉴스뿐이었다. 사업하는 입장에서 그 스트레스는 정말로 엄청났다.

"준아, 이러다가 우리 가게가 망할 것 같아. 지금까지 오픈하고 한 번도 문을 닫은 적이 없었는데 처음으로 문을 닫았어. 직원들한테 월급을 줄 일도 막막하다. 큰일이야."

우리 사업장은 내가 맡은 지는 14년째이지만, 시아버님이 운영해온 기간까지 치자면 햇수로 40년째다. 그동안 이런 위기는 정말로 처음이었다. 나는 집안에 닥치는 경제적 어려움에 대해 아이들에게 쉬쉬하지 않는다. 아이들도 알고서 그 어려움을 각자의 자리에서 자신이 할 수 있는 일로 함께 극복해나가야 한다고 생각한다. 이것도 경제 근력을 키우는 일이다.

우리는 디지털 세상이 삶의 중심으로 자리 잡아가는 코로나 시대를 맞아 성읍랜드의 문도 제대로 열지 못하는 상황에서 우리가 할 수 있는 일에 대해서 진지하게 얘기했다.

"엄마, 집 밖에 나갈 수 없으니까 그러면 집 안에서라도 뭔가를 해봐요."

준이가 의견을 냈다.

우리가 집 안에서 할 수 있는 장사는 온라인 쇼핑몰밖에 없었다.

"그래, 한번 해보자. 이대로 무너질 수는 없으니까."

하지만 우리의 기존 사업장은 관광객이 레저 체험을 하는 곳이다. 손님이 이곳으로 찾아와야 승마 등의 체험을 통해 매출을 일으킬 수 있다. 그 외에 본격적으로 팔 수 있는 물건은 달리 없었다.

"세상에 우리가 팔 물건이 하나도 없다니. 그래도 뭐라도 팔아야 해. 주변에서 찾아보자."

답답한 마음에 가만있을 수만은 없어서 준이와 함께 우리가 팔 물건을 직접 찾아 나서기로 했다.

언니가 운영하는 제주도 토산품점도 최근에 문을 열지 못하고 있다는 소식이 들렸다. 코로나 전에는 손님이 정말 많았던 가게다. 언니의 토산품점에서는 자체적으로 제작한 샴푸도 팔았는데 그 샴푸의 성분이 너무 좋아서 우리도 즐겨 사용했다.

우리는 온라인 쇼핑몰에 그 샴푸와 제주 특산품인 초콜릿을 올렸다. 샴푸 모델로 나선 준이가 욕실에서 열심히 영상을 찍는 동안 유치원생인 여동생도 샴푸를 들고서 왔다 갔다 해서 정신이 하나도 없었다. 그런 와중에 집중력을 발휘한 준이가 직접 머리에 거품을 내고 샤워기로 헹구며 제품 시연 촬영을 마쳤다.

이렇게 간절한 마음으로 상품을 올렸지만 샴푸는 겨우 7개가 팔렸다. 한 달 후, 결국 샴푸 장사를 접었다.

좋아하는 것을 직접 판매하기까지

"제주 특산품이 안 맞나? 그럼 무엇을 팔지? 준아, 해외에서 물건을 들여와 팔아볼까?"

해외에 나갈 수가 없으니 당시에 한창 유행하던 해외 구매 대행업에 비전이 있어 보였다.

바로 중국 물건의 구매를 대행해주는 방법을 찾아서 배우고 실제로 곧장 시도해봤지만, 이것도 우리와는 잘 맞지 않았다. 또 다른 방법을 다시 찾아보기로 했다.

온라인 쇼핑몰 장사는 바로 성공으로 이어지지 않았지만, 이렇게 준이와 함께 하나하나 배우고 시도하며 우리가 판매할 상품 아이템을 찾아가는 과정은 정말 좋은 경험과 공부가 되었다.

"어떻게 하면 물건을 팔 수 있을까?"

내가 유튜브를 통해 경제 공부를 본격적으로 하기 시작한 것이 이때였다.

10년 넘게 사업을 해왔지만, 그런 나도 갑자기 변한 세상에 적응해야 했다. 포스트 코로나, 미래 산업에 관한 강의를 열심히 찾아 들으며 경제와 사업에 대한 공부를 다시 하기 시작했다.

그렇게 집에서만 지내던 어느 날, 저녁밥을 먹을 때였다. 제주 흑돼지 고기를 구워 먹고 있었는데 준이가 고기를 먹다가 말했다.

"엄마, 제주 흑돼지는 먹어도 먹어도 맛있어요, 그렇죠? 우리 이 흑돼지 고기를 팔아보면 어때요?"

아이의 말을 듣고 나니 그럴 법했다. 우리가 그동안 너무 멀리서 상품을 찾고 있었다는 깨달음이 들었다. 제주도여서 흑돼지 농가와 가공 공장은 곳곳에 있었다. 그런데 그중에서 어느 흑돼지 업체를 선택해야 좋을지부터 고민스러웠다. 고기를 사서 먹기만 했지, 고기의 품질 등에 관해서는 아는 것이 전혀 없었기 때문이다. 주변 지인들에게 내 고심을 털어놓으며 그렇게 한참을 끙끙대다가 적당한 돼지 가공 공장을 찾게 됐다.

첫 미팅을 하기로 한 날, 공교롭게도 태풍이 몰아쳤다. 웬만한 사업 현장에는 다 준이를 데리고 다녔지만 바람이 너무 세게 몰아쳐서 그날은 나 혼자 나섰다.

강풍을 뚫고 나온 보람이 있었다. 이야기가 너무 잘됐다. 돼지 가공 공장에서도 한번 시도해보자고 했다. 우리는 온라인 쇼핑몰에서 판매하고, 주문서를 공장에 보내면 그쪽에서 상품을 배송해주는 위탁판매 방식이었다.

계약을 하는 날에는 꼬마 사장님 준이와 동행했다. 나는 아이가 직접 계약하는 역사적 현장을 유튜브 자료로 남기기 위해 열심히 촬영했다.

적은 비용으로 스마트스토어를 연 초등 사장의 노하우

우리는 네이버 스마트스토어 안에다가 준이(주니)가 먹고 "와우~!" 한 상품만 판매한다는 뜻으로 이름을 지은 〈주니와우몰〉을 새롭게 열었다. 아들 사장님과 함께하기에 늘 회의가 끝없이 거듭된다.

상품에 대해 설명하는 상세 정보 원고부터 준이와 같이 앉아서 회의하며 한 줄 한 줄 썼다. 처음에는 돼지고기 부위의 명칭도 헷갈려서 돼지 가공 공장의 사장님을 찾아가서 몇 번이나 묻고, 그것으로도 부족하여 녹음까지 해 왔다. 그렇게 우리는 상세 정보 페이지만 수백 번은 수정했을 것이다. 상품 하나를 올리는 데 꼬박 일주일이 걸렸다.

스마트스토어의 운영 구조도 잘 몰라서 유튜브 온라인 강의를 찾아보며 공부했다. 상품의 옵션을 설정하는 것도 힘들었다. 아이와 온라인 강의를 같이 보면서 옵션 추가, 배송비 추가 등 하나하나 배워가며 진행했다. 이렇게 또 몇 달을 헤맸다.

상품 사진을 찍는 데도 시행착오가 많았다. 처음에는 상품 사진을 전문업체에 의뢰해서 받았는데 뭔가 우리만의 개성이 필요했다. 다른 쇼핑몰들의 사진을 보며 연구했다. 이렇게 실패를 반복하느라 사진 촬영에만 일주일이 걸렸다.

그리고 준이가 미성년자여서 사업자 등록을 하기 힘들 것 같아 내가 가지고 있던 기존 사업자에 업종을 추가하고 면사무소와 은행에 가서 통신판매업 신청을 했다. 그 서류로 스마트스토어에 〈주니와우몰〉 등록 신청을 해서 준이의 첫 쇼핑몰을 열었다.

〈주니와우몰〉 오픈을 진행하면서 기성세대와 신세대의 조합이 일으키는 시너지를 느꼈다. 준이가 장사 감각이 꽤 있다는 것을 알았지만 그 능력에 새삼 놀라곤 했다.

어른에게는 지식과 경험이 많다면, 아이는 머리 회전이 빠르고 온라인 정보를 찾는 데 아주 능숙하다. 요즘 초등학생이 이렇게 똑똑하구나, 자신에게 필요한 정보를 검색하는 데 이렇게 재빠르구나 하고 마음속으로 감탄을 거듭했다. 컴퓨터 게임을 그냥 잘하는 게 아니었던 것이다. 컴퓨터 활용 능력도 뛰어났다. 지식이나 경험이 어른에 비해 부족하다고 아이를 무조건 무시하는 것은 어리석은 태도일 수 있음을 다시금 깨달았다.

제주 흑돼지고기 판매는 2020년 9월 초, 추석 2주 전에 시작했다. 그날 새벽에 잡은 흑돼지고기를 오전 11시에 배송해서 '새벽 흑돼지'라고 이름을 정했다. 우리 돼지고기는 배송받은 후 이삼 일 후에 먹으면 숙성되어 더욱 맛이 좋다. 다행히도 주변 지인들이 많이 구매해줘서 추석 시즌 매출이 500만 원이나 되었다. 그러나 지인 찬스 효과는 두 달이 지나자 어느 정도 끝났다.

대신에 주변 인플루언서들이 자기 블로그에 많이 올려주면서 고객들이 천천히 늘어났고 단골 고객도 생겼다. 내 블로그와 인스타그램, 준이의 유튜브 채널에도 전부 〈주니와우몰〉 링크를 걸어놓았다. 어디로 들어오든 〈주니와우몰〉을 볼 수 있도록 연결해둔 것이 시너지 효과를 낳았다.

그렇게 스마트스토어 오픈 4개월 만에 드디어 파워 등급에 올랐다. 설명절에는 엄청 팔려 나가서 하루 매출 300만 원을 기록하기도 했다.

주문이 많은 날에는 준이와 함께 돼지 가공 공장에 일찍 가서 고객 주문서를 꼼꼼히 체크하고 진공포장도 같이했다. 쇼핑몰 운영 경험이 쌓이면서 우리의 포장 방식은 업그레이드됐다. 처음에는 단순한 진공포장만 해서 내보냈는데 다른 업체들의 포장을 보니 우리와 달랐다. 모두 자신만의 특색 있는 스티커를 붙이고 있었다.

흑돼지 판매 업체의 스티커들을 참고용으로 모아서 벽에 붙여두고 몇 날 며칠 준이와 앉아서 보고 또 보며 분석했다. 포장 상자 겉에 붙일 커다란 스티커와 고기에 붙일 부위별 스티커가 있어야 한다는 것을 깨달았다.

포장 스티커를 제작하려면 디자인이 필요했다. 디자인 업체마다 비용은 천차만별이다. 우리로서는 큰 비용을 들일 수가 없었다. 준이가 사장이 되어 무자본으로 운영하는 사업이었기에(위탁판매 방식은 상품 구입비가 별도로 들지 않으므로 위탁판매 창업은 무자본으로도 할 수 있다) 돈을 크게 들이지 않고도 사업할 수 있는 방법을 가르쳐주고 싶었다.

고민 끝에 저렴한 비용으로 디자인해주는 업체를 프리랜서 플랫폼인 〈크몽〉에서 찾기로 했다. 〈크몽〉에 들어가면 각 분야의 전문가들이 자기 사업이나 상품을 올려서 직접 홍보하고 판매한다. 거기에서 마음에 드는 제품 스티커 디자이너들에게 메시지로 절차와 비용을 문의했다. 그중에서 우리에게 제일 적합한 디자이너한테 몇 번의 문의를 더 거쳐서 디자인을 의뢰했다.

포장 상자 바깥에 붙이는 대형 스티커, 상자 안에 넣는 명함 스티커, 흑돼지와 백돼지 각각 부위별 스티커 세 가지씩, 서비스 스티커 등 스티커 전체 디자인비로 총 15만 원을 지불했다. 디자인이 완성되고 나서 집 옆에 있는 인쇄 업체에 스티커 인쇄를 맡겼다. 여러 종류의 스티커를 전부 인쇄하는 데는 모두 32만 원이 들었다. 총 47만 원의 비용은 그동안 흑돼지고기를 판 수익금으로 충당했다.

스티커 제작으로 우리 돼지고기는 자신만의 근사한 얼굴을 가지게 됐다. 포장 상자 및 진공 포장된 고기 위에 스티커를 붙여야 할 자리를 정한 후 돼지 가공 공장에 가서 그대로 붙여달라고 하나하나 시범을 보이며 요청했다.

장사에 성공하려면 무엇보다 상품 가격에 경쟁력이 있어야 한다. 작은 물건 하나를 사도 가격 비교를 하는 것이 소비자 마음이다. 다른 업체보다 가격은 저렴하고 물건은 좋아야 한다. 양질의 상품을 합리적인 가격에 판매하는 것, 이것을 〈주니와우몰〉의 강점으로 정했다. 요즘 한 달 매출은 200~600만 원 정도에 이른다.

열네 살,
쇼호스트로 나서다

스마트스토어에서 준이는 라이브 커머스로 자신이 쇼호스트가 되어서 물건을 직접 팔기도 한다. 스마트스토어들 중에서 파워 등급을 달성한 쇼핑몰에만 열리는 인터넷 생방송 판매 방식이다.

라이브 커머스는 언제 어디서나 스마트폰 하나만 있으면 방송할 수 있다는 것이 아주 큰 장점이다. 한라봉을 판 적도 있는데 그때는 한라봉 창고에서 주문받은 한라봉 박스를 포장하다 말고 방송해서 많은 판매고를 올렸다.

라이브 커머스 판매 방송을 하기 위해 쇼호스트의 스피치 공부를 꼭 해야 하는 것은 아니다. 다른 쇼호스트들은 어떻게 말하고 행동하면서 구매를 유도하는지 꼼꼼히 둘러보고, 꼭 전해야 할 내용을 종이에 적어둔 뒤 체크해가며 방송을 했다. 무슨 일이든 우선 부딪히다 보면 그 안에서 나만의 방법이 생기기 마련이다.

준이가 방송할 때면 많은 사람이 댓글로 몇 살이냐고, 진짜 쇼핑몰 사장이냐고 물어본다. 어린이 쇼호스트라서 신기해하는 것이다. 용돈이 크게 필요할 때마다 준이는 라이브 커머스 방송을 켤 수 있다는 데 너무나 행복해한다. 그야말로 무자본으로 가게를 열고 실시간으로 판매하여 돈을 벌 수 있기 때문이다. 여기에 실시간 소통까지 이루어지니 아주 흥미

진진하다.

흑돼지고기를 판매할 때는 혼자 쇼호스트가 되어 1시간 동안 쉬지 않고 구워 먹으며 얘기한다. 엄마인 나는 옆에서 재료와 도구를 준비해주며 방송이 잘 나가고 있는지 확인할 뿐이다. 흑돼지고기 판매 생방송은 주로 저녁 시간에 하는데, 준이는 저녁 식사도 하고 돈도 벌 수 있다며 아주 만족스러워하고 있다.

자리를 잡으면 팔 물건은 덩달아 많아진다

이렇게 〈주니와우몰〉이 점차 자리를 잡자 흑돼지고기를 중심으로 판매하는데도 판매 위탁을 제안해 오는 물건들이 늘어나고 있다.

최근에는 제주 특산물인 오메기떡을 팔아달라는 의뢰도 들어왔다. 준이와 함께 우리에게 의뢰한 업체로 미팅을 하러 갔다. 그 업체의 관계자들이 준이에 대한 뉴스와 영상 자료들을 찾아봤다며 반겨줬다. 준이가 직접 시식하고 자기 의견을 얘기하니까 할아버지 사장님이 놀라워하며 기특하다고 연신 웃으셨다.

제주도 물류를 담당하는 젊은 사장이모도 왔다. 그녀는 제주도의 1등 물류 사업가인 아버지를 따라다니며 제주도 물류의 틈새시장을 뚫은 인물로 유명하다. 나보다 열 살이나 어리지만 2년 전에 그녀에 대한 기사를 읽고 스크랩해둔 후 언젠가 만나고 싶었던 인물이다. 준이에게 틈새시장을 성공적으로 공략한 사례라고 알려줬다. 사업의 성공에는 나이와 성별이 큰 문제가 되지 않는다.

아이들이 어려서 잘 모르는 것 같아도 부모를 따라다니며 보고 느낀 것에 대해서 제법 자기 의견을 낸다. 준이도 나보다 더 발전된 생각으로 말할 때가 많다. 그래서 업체와의 미팅 자리에서 아이가 구경만 하지 않고 주도적으로 참여하도록 이끈다. 먼저 준이가 직접 질문하도록 하고, 혹시 보충할 필요가 있으면 내가 나중에 추가로 질문하는 데 그친다. 대신 나는 이렇게 준이가 적극적으로 회의하는 모습을 열심히 사진과 영상으로 남긴다.

경제 위기 속 성공의 주인공으로 성장할 수 있는 기회

우리는 코로나 팬데믹으로 집에만 있는 동안에도 이렇게 다양한 시도와 도전을 하며 바쁘고 알차게 보냈다. 세계 경제사를 돌아보더라도 몇 년을 주기로 경제 위기가 찾아왔고, 이번 위기가 지나간 후에도 또 다른 얼굴로 우리를 찾아올 것이다.

세계적인 경제 위기 속에서 우리는 아이와 함께 우리 가족이 살아나갈 방향을 고민하고, 관련 정보를 공유하며, 해결책을 찾아 나섰다. 훗날 아이가 혼자 세상에 나갔을 때 이런 위기 상황을 다시 만나게 되더라도 이미 온몸으로 경험했기 때문에 더욱 슬기롭게 빨리 극복할 수 있으리라고 믿는다.

IMF 경제 위기를 기회로 삼아서 거부가 된 사람들의 이야기는 남의 이야기가 아니다. 경제 위기는 아이를 훈련하고 성장시킬 수 있는 아주 좋은 기회일 수 있다. 미리 경험하고 공부하고 대비하도록 도와준다면 우리 아이도 성공의 주인공이 될 수 있다.

아이가 스마트스토어에 상점을 열고 싶어 한다면 판매자 가입을 위한 서류 등은 부모가 갖춰줘야 한다. 그 이후에 상품을 등록하는 일부터는 아이와 함께 알아보면서 하나하나 만들어가면 된다. 첫 상품 등록이 조금 어렵고 복잡하지, 이렇게 한번 등록해두면 '상품 복사하기'를 통하여 다음 상품은 쉽게 등록할 수 있다. 처음에 상품을 정성껏 등록해두면 크게 손댈 일이 없다. 그러니 처음에 다소 힘들어도 포기하지 말고 꼭 끝까지 해내기를 바란다.

판매를 통해 수익을 발생시키는 것도 좋은 일이지만, 아이가 디지털 세상에 자신만의 쇼핑몰을 직접 창업하고 운영해보는 것은 아주 큰 경험 자산이 될 것이다. 적극 추천한다.

유튜브 소비자에서 유튜브 생산자로

새로운 시대는 아이들이 연다

준이가 초등 1학년 때 유튜브 채널 〈마그네틱 옥수수〉를 만들고 한창 몰두할 때만 해도 나는 도대체 이해할 수가 없었다. 거기에 올릴 영상을 촬영하는 것도, 다른 영상을 들여다보는 것도 마찬가지였다. 준이가 혼자 방 구석에서 찍은 영상을 몇 개 올렸다는 것을 알았지만 별다른 반응이 없으니 크게 흥미를 느끼는 것 같지도 않았다. 구독자가 거의 늘지 않고 마땅한 콘텐츠도 없으니 혼자 막막하고 힘들었을 것이다. 당시에 나는 솔직히 유튜브가 뭔지도 잘 몰라서 저러다가 흐지부지 그만둘 것이라고 생각했다.

준이가 3학년쯤 되었을 때였다. 우리 집에 사촌들이 놀러 왔는데 아이들끼리 방에서 열심히 스마트폰을 들여다보며 킬킬 웃는 것이었다. 무엇을 저렇게 보는지 궁금해서 확인했더니 기가 막혔다. 유튜브에서 아무 말 없이 그냥 '씹는 방송'을 함께 보고 있었다. ASMR이었다. 남이 음식을 먹으며 내는 소리를 듣는 게 재미있다니 기괴했다.

"얘들아, 이걸 왜 보는 거야? 도대체 무슨 재미가 있는 거야?"

진심으로 궁금해서 이렇게 물어보게 됐다. 그러자 한 조카가 동그란 눈으로 대답했다.

"숙모, 이게 얼마나 재미있는데요! 가만히 보면서 듣고 있으면 스트레스가 싹 풀려요."

역시 정말이지 이해할 수 없는 대답이었다. 내가 이상한 사람인가? 정말로 재미있는데 나만 그 재미를 모르는 걸까? 확인이 필요했다. 나도 아이들과 같이 앉아서 그 '씹는 방송'을 보기 시작했다.

유튜브,
아이의 꿈에 다가서는 통로

아무리 보고 또 보아도 내 눈으로는 무슨 재미인지 도통 알 수가 없었다. 그러나 조금씩 시간이 지나면서 나는 내 생각을 고쳐먹어야 한다는 것을 깨달았다.

'새로운 세대가 이런 것을 재미있어한다면 세상이 이렇게 변해간다는

의미다. 그렇다면 내가 받아들여야 하는 것이다.'

하지만 하루 종일 유튜브만 들여다보는 아이를 응원하기란 쉽지 않았다. 그렇다고 무조건 막는 것은 능사가 아니었고. 진지한 대화가 필요했다. 그런데 준이는 유튜브 영상을 보는 데 그치지 않았다.

"엄마, 저는 유명한 유튜버가 되고 싶어요."

준이가 말했다.

우리는 그 이유가 무엇인지, 어떤 콘셉트의 콘텐츠로 영상을 만들 것인지 등에 대해 온 가족이 모여서 여러 차례 집중적으로 회의했다.

예능 MC가 되고 싶다는 준이는 여러 기질이나 재능으로 보아도 충분히 그럴 수 있을 만한 소질이 엿보였다. 스스로 기획하고 촬영해 올리는 개인 방송 유튜브야말로 제주도에 사는 준이가 자기 재능을 세상에 널리 알릴 수 있는 좋은 방법이 되어줄 것이라는 데 모두가 의견을 같이했다. 우리 부부는 준이를 믿고서 아이의 꿈을 지원하기로 했다. 그래서 아이가 직접 해야 할 일과 부모가 도와주고 준비해줘야 할 일을 나누었다.

아이와 함께 성장하는 엄마

내가 우선 준이에게 갖춰줘야 할 것은 이랬다.

- 준이의 휴대폰을 최신 스마트폰으로 교체하기
- 준이의 스마트폰 요금제를 데이터 무제한으로 변경하기
- 준이가 유튜브를 광고 없이 마음껏 볼 수 있도록 유튜브 프리미엄 구독권을 구입하기

이제 준이는 수많은 유튜브 채널을 다양하게 보며 자신에게 맞는 콘셉트와 캐릭터를 연구하고, 아이디어가 떠오를 때마다 설명을 덧붙여 메신저로 나에게 보내어 시시때때로 회의하기로 했다. 콘텐츠를 풍성하게 만들기 위해 필요한 뮤지컬, 댄스, 운동, 요리, 메이크업 등도 배우기로 했다.

그렇게 〈마그네틱 옥수수〉를 접고, 열한 살에 〈권준TV〉를 새로 시작하게 됐다.

이렇게 야심 차게 달려든 〈권준TV〉의 경우에는 기획과 촬영보다도 편집에서 큰 어려움을 느꼈다. 편집 기술이 없다 보니 우리가 기획한 의도를 살리기가 어려웠고, 그야말로 어설픈 영상이 나왔다. 영상 편집에는 많은 공부가 필요했다. 나는 사업에 살림에 육아까지 일상이 바쁘다 보니 그럴 시간이 쉽게 나지 않았다. 준이가 5학년에 올라가고 가을이 되어 또 한 해가 그냥 지나가버릴 듯 스산해지자, 나는 여기서 더 미루면 안 되겠다 싶어져 본격적으로 영상 편집 공부를 시작했다.

간단한 영상을 편집하는 데 가장 편리한 방법은 스마트폰으로 하는 것이다. 유튜브와 책의 도움을 받아가며 6개월 동안 영상 편집을 혼자 공부했다. 그렇게 공부하다 보니 실력이 점점 늘어서 나중에는 '스마트폰 하

나로 영상을 편집하는 방법'을 강의할 수 있을 정도가 되었다. 실제로 어느 기관에서 6주 과정으로 강의 요청을 받기도 했다. 다른 일들로 다망해서 그 요청을 받아들이지는 못했지만 기분은 좋았다. 아들의 꿈을 따라가다가 나도 앞서가는 사람이 된 것이다.

남들이 흉내 낼 수 없는 자신만의 경험 콘텐츠

〈권준TV〉는 준이가 가진 예능의 끼를 다양하게 보여주는 포트폴리오 채널이다. 그러다 보니 여러 활동을 몸으로 해야 하는 경우가 많았다. 더운 날에도, 추운 날에도 집 안팎에서 뛰고 구르고 춤추고, 트로트 노래도 부르며, 때로는 여장을 한 채 연기도 하고, 일상 브이로그도 시도하며…… 뭐든 정말 열심히 촬영했다.

하지만 구독자 수는 여간해서 늘지 않았다. 도대체 무엇이 문제인지를 몰라서 답답했던 우리는 이미 그 길을 가본 성공한 유튜버들을 찾아다니며 조언을 구하기 시작했다.

많은 유튜버 선배가 저마다 꿀팁을 알려줬다. 준이와 이야기를 나누며 콘셉트를 제안해주기도 했다. 그 과정에서 다른 사람들이 쉽게 흉내 내기 어려운 자신만의 차별화된 콘텐츠가 가장 중요하다는 것을 깨달았다. 준이에게 예비 예능인으로서의 끼가 다분하기는 해도 그런 꿈과 끼를 가진 사람이 유튜브상에 수두룩할 것이 당연했다. 문제는 콘텐츠 내용이었다.

준이만의 독특한 경험에 기반한 유일무이한 콘텐츠가 필요했다. 유튜버 선배들과의 대화를 통해 준이에게서 열세 살 아이답지 않은 애어른 콘셉트가 발견됐다. 무엇보다 돈에 대한 준이의 생각과 감각이 남다르다며 다들 놀라워했다. 바로 이것을 콘텐츠로 내세워보면 어떻겠냐는 결론에 이르렀다.

준이는 다른 아이들과 달리 어려서부터 다채롭게 경험해온 경제활동이 자신만의 독특한 자산으로 쌓여 있으며, 이것에 대해서는 마르지 않는 샘물처럼 이야기를 쏟아낼 자신감이 있었다. 10대를 위한 10대의 재테크 채널, 준이가 해야 할 방송은 그것이었다.

"그래, 지금까지는 연습이었어!"

준이는 자신만만하게 새로운 채널 〈쭈니맨〉을 열었다. 우리는 서재에 홈 스튜디오를 꾸몄다. 서재에서는 주로 컴퓨터를 쓰거나 책을 봐왔지만, 이제는 언제 들어가더라도 별도의 조명 장치를 하거나 카메라 세팅을 할 필요 없이 곧바로 영상을 촬영할 수 있는 설비까지 갖춰놓았다.

만반의 준비가 되었으니 이제 준이는 엄마의 사업장 카운터 뒤에서 이유식을 먹던 아기 때부터 보고 듣고 자신이 직접 해온 사업 이야기와 함께 돈과 경제에 대해 세상에 풀어놓으면 되었다. 아이가 큰 주제를 잡고 자기 경험담에 관련된 자료를 찾아 보충해 원고를 쓰면 내가 수정 보완을 해주며 촬영에 들어갔다.

그 결과가 지금의 준이다. 준이는 뉴스에 등장하게 됐고, 그토록 꿈꾸던 방송 출연의 문을 열게 됐으며, 자신과 투자 스타일이 같다고 존경하던 존 리 대표님 같은 꿈의 스승님도 만나게 된 것이다.

남들의 눈에는 주식 폭락장에 갑자기 나타나서 누가 투자해도 나올 만한 수익률을 자랑하는 벼락 스타로 보였을 것이다. 하지만 준이가 주식으로 성공하기 이전에, 그리고 자신의 주식 투자 성과를 알린 영상을 〈쭈니맨〉에 올리기 오래전부터 길고 꾸준한 경제활동을 해왔다는 것, 그리고 중단 없는 시도로 포기하지 않고 그동안 많은 노력을 해왔다는 것을 세상이 알아주면 좋겠다.

"아들아, 포기하지 마. 매일매일 꾸준히 고민하고 실행하다 보면 지금보다 더 반짝반짝 빛날 날이 분명히 올 거야. 너는 할 수 있어."

나는 오늘도 준이에게 긍정적인 동기부여를 계속하고 있다.

TIP 1 쭈니맨 같은 유튜버가 되는 방법

1. 일단 유튜브 채널을 만든다.
2. 엉터리라도 그냥 찍는다.
3. 스마트폰 영상 편집 어플로 간편하게 편집한다.
4. 영상을 유튜브 채널에 업로드한다.
5. 구독자가 늘지 않으면 먼저 성공한 유튜버 선배들을 찾아가서 물어본다.
6. 유튜버 선배들에게 배운 것을 내 유튜브 영상에 적용한다.

7. 좌절하지 않고 다양하게 시도하며 꾸준히 계속한다.

이것이 가장 중요한 포인트!

TIP 2 쭈니맨이 유튜브 영상을 제작하는 과정

- 기획 및 원고 준비 기간 : 2~3일
- 촬영 및 편집 소요 기간 : 1~2주
- 준비물 : 스마트폰, 마이크, 조명, 삼각대

---

1. 어떤 주제로 영상을 제작할지 기획하기
2. 주제와 관련한 자료를 찾으며 공부하기
3. 경험담과 자료를 토대로 원고를 쓰고 수정, 수정, 또 수정
4. 주제와 원고를 토대로 촬영 소품 준비하기
5. 삼각대에 스마트폰을 고정하고 촬영하기
6. 스마트폰 편집 어플로 이야기 흐름에 맞게 컷 편집하기
7. 컷 편집이 끝난 영상을 디테일하게 편집하기
   (범퍼 영상, 효과음, 자막, 음악 등)
8. 유튜브 채널에 걸릴 섬네일 이미지 만들기
9. 유튜브 채널에 영상 업로드하기
10. 유튜브 채널에 섬네일 이미지 업로드하기

TIP 3 유튜브 영상 편집에 유용한 어플

- 유튜브 영상 편집 : 키네마스터
- 자막, 섬네일 글씨 작업 : 글씨팡팡
- 범퍼 영상, 인트로 영상, 클로징 영상, 채널 아트, 로고 제작 : 멸치
- 채널 아트, 로고 제작 : canva
- 사진 배경 지우기 : Background Eraser
- 사진 보정 및 수정 : Photo Wonder
- 이외에 사업적 영감을 받거나 자료를 찾을 때 참고 : Pinterest

서울 도매업체에 가서
직접 미니카를 고른
일곱 살 준이

아홉 살 때 미니카 홍보를
위해 만든 미니카 경기장

미니카에 가격표를
붙이고 진열하기 전
열한살 준이 모습

음료수 자판기를 열심히
관리하는 열두 살 준이

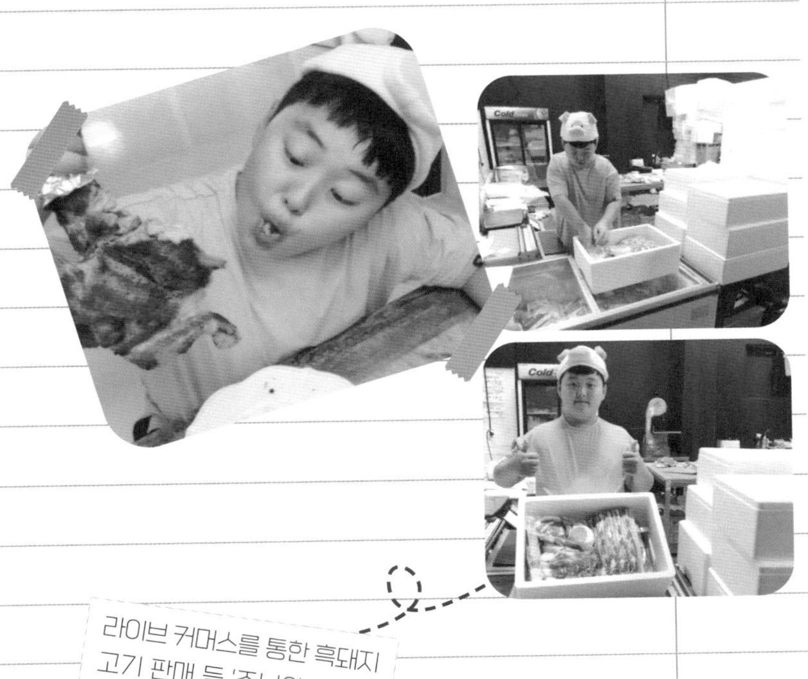

라이브 커머스를 통한 흑돼지
고기 판매 등 '주니와우몰'을
직접 운영하는 열세 살 준이

Chapter 3

작은 돈, 큰돈이 따로 없다

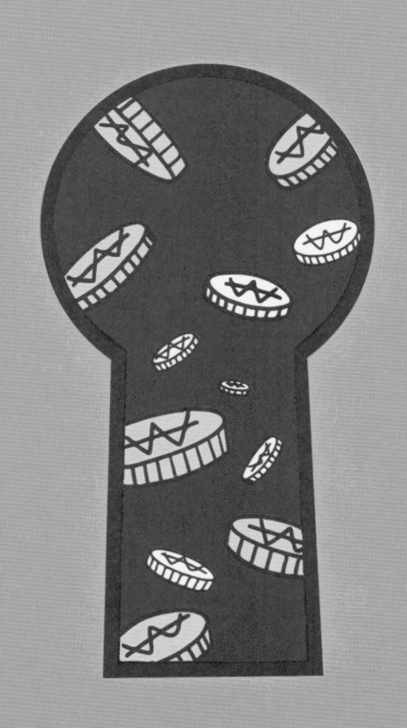

용돈은 왜 공짜여야 하는가?

자립적인 아이의 용돈 벌기

오래전부터 알고 지낸 지인이 연락해왔다. 준이와 자기 아이를 만나게 해주고 싶다는 것이었다. 아이가 '준이 형아'의 경제관념을 배우길 바라는 소박한 바람에서였다. 어른들은 두 아이의 만남을 주선하기 위해 아이들을 데리고 놀이공원에 가기로 했다. 약속 날짜가 다가오자 준이가 말했다.

"제가 형이니까 동생한테 맛있는 점심을 사주고 싶어요. 돈이 필요할 것 같아요."

형 노릇을 하고 싶어 하는 모습이 기특했다.

"좋은 생각이네. 그럼 네 돈으로 사줄까?"

"네, 좋아요."

아이는 자기 쇼핑몰인 〈주니와우몰〉에서 돼지고기를 팔아 모은 돈 중에서 3만 원을 인출했다. 지난해 연말에 수익금을 보육 기관에 기부한 이후 처음 꺼내는 돈이었다.

그런데 그날 밤에 아이가 들려준 이야기는 약간 뜻밖이었다.

"제가 밥을 사주려고 했는데요, 동생네 아빠가 이미 밥값을 치르고 예약해놓았다고 하셨어요."

놀이동산에서 파는 귀여운 머리띠에 커다란 인형과 뿅망치까지 선물받은 아이는 동생네 부모님이 뭐든 비용을 알아서 다 내주셔서 너무 좋고 좀 놀라기도 했나 보다. 동생네 집에도 가봤는데 그 집에는 평소 자기가 가지고 싶었던 게임기도 있고 각종 게임 칩도 많아서 또 한 번 놀랐단다. 아이는 자신도 그 게임기가 가지고 싶다고 노래를 부르기 시작했다.

"준아, 정말로 가지고 싶으면 네가 홈 알바로 열심히 벌어 모은 용돈을 사용하면 어떨까?"

그러나 아무리 계산해봐도 값비싼 게임기를 사기에는 역부족이었나 보다. 아이는 어떻게 하면 그 게임기를 살 수 있을지 용돈을 더 벌 궁리에 빠졌다. 자신에게 필요한 물건이 생기면 용돈 벌 궁리부터 하는 것이 경제적 독립을 꿈꾸는 열네 살 소년다웠다.

아이는 한 달 뒤 결국 그 게임기를 구입하는 데 성공했다. 돈은 〈주니와우몰〉에서 실시간 라이브 커머스를 열어서 한라봉과 흑돼지고기를 열심히 판매해 번 것이었다. 게임기를 사고 싶은 마음이 간절했던 아이는 라이브 쇼핑 방송에 최선을 다했다. 이제 용돈이 크게 필요해질 때마다 라이브 커머스를 열고 10대 쇼호스트로 나선다.

돈은 절대 거저 주어지는 게 아님을 가르칠 것

준이는 초등 5학년 때부터 스스로 용돈을 벌어왔다. 4학년에 올라가면서 그 한 해 동안 용돈을 받았던 기간을 제외하면 기본 용돈이라는 것이 딱히 없었다. 돈은 거저 주어지는 것이 아님을 가르치자는 게 엄마인 나의 기본적 경제 교육 원칙이다.

아이들이 돈에 관심을 갖고 돈 걱정을 하게 하는 건 순수한 동심을 오염하는 일이라고 너무나 당연하게 생각하는 것은 아닌지 의문스러울 때가 있다. 돈을 효과적으로 쪼개어 쓰기 위해 머리를 굴리고, 작은 물건 하나도 가격 비교를 거쳐 가성비를 챙기며 실속 있게 구입하고, 때로는 가계 수입이 부족해서 생활비를 줄여야 하는 부모의 일상적 수고를 아이들이 알면 절대로 안 될까? 돈 걱정은 아이들에게 해롭기 그지없어서, 부모가 어떻게 돈을 벌고 어떻게 아끼며 쓰든 아이들은 천진난만하기만 하면 될까? 그것이 진정 아이들을 위한 길일까?

유년기의 가난을 겪은 부모들은 특히 돈 이야기를 뱀 피하듯이 하는 것 같다. 하지만 냉정히 말해서 본인이 돈에 대해 관심이 있든 없든 현대를 살아가는 인간치고 돈이 필요하지 않은 사람은 없다. 행복은 돈만으로 살 수 없지만, 돈 없이 완전한 행복도 누리기 힘든 것이 엄연한 사실 아닌가.

"돈에는 작은 돈, 큰돈이 따로 없다."

이것이 내가 늘 아이들에게 하는 말이다. 작은 돈을 아낄 줄 아는 사람이 큰돈을 만들 수 있고, 그 큰돈을 능숙하게 다룰 줄 알게 된다. 이익이 크게 날 일을 두고도 작은 투자금이 없어서 눈앞의 기회가 얼음처럼 녹아 사라지는 것을 안타깝게 바라봐야 하는 일이 얼마나 흔하게 일어나는가?

나는 노후 준비를 할 테니 너는 용돈을 벌거라

준이가 장난감에 마음을 빼앗길 때마다 그 장난감이 아무리 저렴해도 바로 사주지 않고, 생산자 관점으로 다시 생각해보게 하고 장난감 값을 지불함으로써 잃게 되는 기회비용을 얘기해온 것은 바로 이 때문이다. 상대적으로 미래의 시간이 긴 아이들에게는 작은 돈을 크게 불릴 기회가 많다. 모은 돈은 좋은 투자 기회를 만나면 이른바 대박의 시드 머니가 될 수 있다.

준이는 용돈을 벌기 위해 사업만 한 것이 아니다. 작은 돈도 아껴서 쓰려고 노력했다. 아이는 용돈을 안 받으면서부터 큰돈을 벌고 모을 수 있었다고 했다. 돈이 없어보니까 '돈이란 무엇일까? 돈이 없으니 왜 이리 불편한 것일까?'에 대해 더욱 진지하게 생각하기 시작했다고 말이다.

용돈을 받지 않으니까 자연히 작은 돈도 귀하게 쓰며 용돈 벌 궁리를 하게 되고, 궁리 끝에 다양한 시도를 하다 보니 진짜 돈을 벌게 되고, 때마침 좋은 주식 투자 시기를 만났을 때 그렇게 벌어서 아끼며 모은 돈을 시드 머니로 삼을 수 있었으므로 큰돈으로 불리게 됐다는 것이다.

부모가 아이의 평생을 책임지며 돈과 각종 지원을 해줄 형편이 되지 못한다면 일찍부터 돈에 대해 터놓고 말하는 것이 좋다. 스스로 돈을 벌고, 모으고, 굴리는 훈련을 통해 경제적 자립을 할 수 있도록 어릴 때부터 경제 교육을 시키는 것이 아이를 위해서뿐만 아니라 부모 자신을 위해서도 옳다고 생각한다. 나는 내 노후를 준비하기 위해 재테크하는 과정도 아이를 데리고 다니며 생생하게 보여주고 설명한다.

꼬마 장사꾼의 별명은 '장사의 신'

장사 소질도 특출한 재능이다

준이는 성적이 아주 우수한 학생은 아니다. 대체로 예체능에 소질과 취미가 있는데 엉뚱하게도 어려서부터 셈은 빨랐다. 실제로 지금도 수학을 잘하기도 한다. 다섯 살 무렵에는 친구들과 식사하는 자리에 데리고 나가면 아이가 각자 낼 금액을 암산하여 알려줬다.

"지난번에는 이모가 샀으니까 오늘은 엄마가 살 차례예요."

이런 소리로 우리의 폭소를 터뜨렸다. 셈도 빠르고 상도의(?)까지 아는 준이는 장사에도 소질을 보였다. 국영수를 잘하는 것만이 재능이 아니라 장사 소질도 특출한 재능이라고 나는 생각한다.

준이네 초등학교에서는 종종 바자회가 열리곤 했다. 준이는 그 바자회에서 자기 재능을 마음껏 펼쳐 보여 선생님들에게서 '장사의 신'이라는 감탄 어린 별명을 얻어냈다. 이런 칭찬과 인정은 아이에게 굉장히 중요한 계기가 되어준다.

작은 돈을 모아서 종잣돈을 만들고 그것을 주식에 투자하여 불리고 있지만, 그 과정이 완벽하게 순조롭지는 않았다. 그 과정에는 실수도 있었고, 실패도 있었다. 배우고 깨닫는 것이 있다면 아이에게 실패와 실수는 또 다른 한 수를 가르쳐주는 스승과 같다. 학교에서 장사 소질을 칭찬받은 준이, 아이답게 1,000원도 큰돈으로 느끼는 준이가 '작은 돈을 번 이야기'를 해보겠다.

학교 바자회에서 탄생한 판매왕

준이는 학교 바자회 때마다 자신의 장사 실력을 마음껏 뽐내고 모두에게 인정받았던 일이 아주 뿌듯했던가 보다. 그날의 이야기를 아이는 이렇게 전한다.

벼룩시장의 여덟 살 지우개 판매왕

초등 1학년 때 학교에서 벼룩시장을 열었다.

다른 친구들과 함께 집에서 안 쓰는 여러 물건을 팔았다. 연필, 인형, 자동차, 장난감 등 집에서 가져온 물건들을 팔려고 전부 다 깔아보니 책상 위가 꽉 찼다.

선생님이 "자, 이제부터 벼룩시장을 시작합니다!"라고 말한 동시에 친구들이 내 물건을 사려고 줄을 섰다. 어떤 친구는 자기 돈을 모두 써버리기도 했고, 어떤 친구는 구경만 하고 가버리기도 했다.

"많이 팔았으니까 이제 사는 것도 해봐야지."

다른 친구들의 물건을 구경했다. 어떤 친구는 크레파스도 팔고, 또 어떤 친구는 이제 작아서 못 신는 신발을 동생에게 선물하라며 팔기도 했다. 그 많은 물건 중에서 미니 지우개가 눈에 들어왔다.

"오, 이거 싼데?"

10개에 100원이었다. 나는 바로 샀다. 그러고는 내 자리로 돌아와 지우개 10개를 꺼내놓고 1개에 100원으로 팔았다.

나는 이렇게 나누어 팔기로 이득을 보는 장사를 했다. 결국 10개에 100원을 주고 산 지우개는 8개가 팔려서 700원 마진을 남겼다.

5학년 나는 장사의 신

초등 5학년 때 다시 학교에서 벼룩시장을 열었다. 이번 벼룩시장은 4학년 동생들과 함께 참여하게 됐다. 선생님이 이렇게 물어봤다.

"여러분, 다음 주 월요일이면 벼룩시장이 열리는 날이에요. 모둠으로 판매할지, 개인으로 판매할지 선택하세요."

친구 4명과 상의했는데 모두 개인으로 나가자고 해서 그렇게 하기로 했다. 더 많은 수익을 내기 위해서도 개인으로 판매하는 편이 유리하다. 주말 동안 나는 엄마와 같이 벼룩시장에 대비했다. 친구들이 좋아할 만한 아이템들로 나름대로 계획하고 준비했다. 내가 판매한 물건은 다음과 같다.

- 아이스티(얼음 슬러시 700원, 아이스 500원)
- 인형(귀엽고 폭신폭신한 인형들)
- 뽑기(1위 5,000원짜리 문화상품권, 2위 인형, 3위 봉지 과자, 4위 꽝)
- 종이 딱지(박스나 달력 등으로 만든 대왕 딱지에 여러 종류의 테이프로 꽁꽁 감은 강력 수제 딱지, 큰 우유 곽 딱지, 일반 테이프 딱지)
- 구슬(작은 구슬, 큰 구슬, 희귀한 구슬) 등

4~5학년 사이에서 인기가 엄청나게 많은 물건과 간식이어서 많은 관심을 받았다. 참고로 구슬과 딱지의 인기는 정말 굉장했다.
구슬의 경우 작은 구슬은 200원, 큰 구슬은 500원에 팔았다. 손님이 너무 많아서 정신없었는데 어떤 손님은 200원짜리 작은 구슬을 500원이나 주고 사 갈 뻔도 하고, 또 어떤 손님은 500원짜리 큰 구슬을 200원에 사 갈 뻔도 했다.
그리고 내가 직접 만든 딱지들은 아주 다양하고, 강력한 파워를 가지고 있었다. 가로 30센티미터, 세로 30센티미터인 엄청나게 큰 딱지는

3,000원에 팔리기도 했고, 심지어 딱지를 원하는 손님이 많아서 경매로도 팔았다.
그만큼 학생들이 좋아하는 것들을 중심으로 고르면 많이 팔린다. 이날 2교시 동안 내가 혼자서 벌어들인 수익은 약 6만 원이었다. 다른 친구들 가운데에서는 4명 모둠인 아이들이 가장 많이 벌었는데 총 4만 원이었다. 개인으로 판매한 이유가 바로 이것이었다. 더 많은 수익을 내기 위해서. 그날 나는 너무나 행복했다. 6만 원 중 3만 원을 아프리카 친구들에게 기부했다.
내가 판매할 때 많은 친구가 모여들어 정신없이 사고, 20명 이상이 줄을 서는 진풍경이 펼쳐지자 선생님들이 깜짝 놀라셔서 사진을 찍으셨다. 그리고 선생님들이 나에게 "준이는 장사의 신인 것 같다"라고 말씀하셔서 기분이 아주 좋았다. '장사의 신'이라는 칭찬을 받으니 돈 버는 게 훨씬 즐겁고, 장사와 경제에 대해 더욱 큰 관심이 생기기 시작했다.

아이의 장사 비결은 미리 유행시키기

바자회 날, 준이의 자본금은 팔 물건 다섯 가지와 엄마가 준 동전 2,000원, 그리고 4,000원짜리 아이스티 가루 1봉지였다.

준이는 아이스티 가루로 주스를 만들어 일회용 팩 20개에 나누어 담았다. 10개는 얼리고 10개는 냉장만 했다가 가져갔다. 얼어 있던 주스는 학교에 가서 시간이 좀 흐르자 슬러시 상태가 되었다.

준이 옆자리에서도 즉석에서 주스를 만들어 팔았다. 옆자리에서는 종이컵에 담아서 300원에 팔았다. 준이와 서로 경쟁이 붙어서 저쪽에서는 200원, 나중에는 100원까지 내려 팔았다. 준이는 1,000원에 팔던 것을 700원으로 내렸다. 얼음 슬러시는 시원해서 인기리에 전부 다 팔렸다. 그날 번 동전들을 그대로 필통에 담아서 지금도 가지고 있다.

그날 수익이 쏠쏠했던 품목은 구슬이다. 준이가 다니는 학교는 대학교 부설 초등학교로 대학 캠퍼스 안에 학교가 있어서 근처에 문구점이 따로 없었다. 대학 구내에 있는 편의점도 초등학생들은 이용하지 못하게 해서 시중에서 쉽게 구할 수 있는 구슬이 학교에서는 귀한 물건이었다.

준이는 바로 그 점을 이용했다. 그리고 구슬 수요층을 늘리기 위해 바자회 전에 구슬 게임을 먼저 유행시켜놓기도 했다. 구슬 치기같이 단순한 놀이가 아니다. 젠가로 구슬이 내려가는 길을 만들되 그 높이를 점점 올려서 구슬을 굴리는 게임으로, 준이가 구슬을 팔기 위해 일부러 개발했다.

앞에서도 얘기했지만, 딱지의 경우도 아이들 앞에서 일부러 딱지를 신나게 쳐서 아이들이 딱지놀이를 재미있어하도록 만드는 동시에 자기 딱지가 얼마나 강력한지 선보이는 효과를 노렸다.

이렇듯 즐겁게 구슬과 딱지 붐을 미리 일으킨 아이의 장사 비결은 바자회 날에 주효했다.

돈은 버는 과정이 즐거워야 한다

돈은 번 결과만 중요하지는 않다. 돈을 버는 과정도 중요하다. 돈을 아무리 많이 벌어도 그 과정이 위험하고 지겹다면 그 일이 인생에서 얼마나 큰 가치가 있을까. 누군가에게 권하고 물려줄 만한 일이 될 수 있을까.

준이는 어릴 적부터 매일 아침마다 룰루랄라 신나는 기분으로 출근하는 엄마를 보면서 '돈을 버는 것은 정말 재미있는 일이구나. 나도 빨리 커서 재미있게 돈을 벌고 싶다'라는 생각을 했다고 한다. 사실 나는 돈 버는 과정을 하나하나 다 즐겼다. 그랬기에 지치지 않고 지금까지 달려올 수 있었을 것이다. 딸아이도 유치원에 가는 것보다 엄마를 따라 우리 랜드에 출근해서 일하며 돈을 벌고 싶다고 하니 오빠를 닮았나 보다.

나는 여러 경제활동을 통해서 자산을 불려가는 과정이 너무나 즐겁다. 세상에서 가장 재미있는 일은 내 자산을 점점 크게 만드는 것이고, 이 일은 나에게 취미다. 장사를 사업으로 발전시키고, 수익 파이프라인을 여러 가지로 구축하기 위해 분산투자하여, 큰 위기가 찾아와도 흔들리지 않는 경제 상태를 만드는 것, 100세 시대의 든든한 노후를 위해 고생스럽더라도 젊을 때 집중적으로 자산을 형성하고 재테크하는 것, 그리고 나의 경제활동 현장에 아이들과 함께 다니며 생생하게 가르치고 내가 겪으며 알게 된 노하우들을 단계별로 공유하는 것이 나한테는 아주 즐겁고 중요한 일이다. 경제활동은 즐겁고 중요한 일, 바로 이것이 준이에게 물려주고 싶은 경제활동의 기본적 정서다.

스무 살 준이가 세상으로 나서게 될 때, 대학만을 목표로 국영수 공부만 한 아이들과 비교하면 자기 출발선 자체가 다르다는 것을 깨닫게 되리라고 생각한다. 그런데 이런 성과가 내 생각보다 아주 빨리 찾아왔다. 스무 살이 되기도 전에, 지난해 열세 살에 준이는 세상에 알려지면서 사람들이 '경제 영재, 경제 천재'로 불러주는 아이가 되었다. 다시 말하지만, 나도 내 아들도 그저 평범한 사람들일 뿐이다. 내가 남달랐던 점은 돈과 세상에 대해 아이가 어릴 때부터 솔직하게 알려주고 많은 대화를 나눈 것밖에 없다. 그러니 나는 돈 공부는 빠르면 빠를수록 좋다는 결론에 이르게 된다.

특별한 아이만 돈을 벌 수 있는 건 아니다

아르바이트로 티끌 모으기

준이는 성읍랜드 카페 '분홍분홍해'의 객원 바리스타다. 워낙 손재주가 있고 손으로 뭔가를 만드는 걸 좋아해서인지, 어느 날 아이가 커피 내리는 나의 모습을 유심히 쳐다보기에 "너도 한번 해볼래?"라고 물었던 것이 시작이었다. 일곱 살 때였으니까 작긴 해도 그 나이의 아이치고는 체격이 좋고 힘이 있어서 커피 추출하는 동작을 제법 잘 따라 했다. 조금 연습해 본 후에는 별로 어설프지 않게 커피를 내렸다.

초등 2학년이 되었을 때는 카페 신메뉴 개발에 참여하여 아이디어도 내며 여러 음료를 함께 만들었다. 4학년에 올라갔을 때는 바쁜 주말이면 손님 안내도 하고 커피도 내리도록 맡겼다. 아메리카노 한 잔에 500원을 아르바이트비로 주었다. 주문을 하는 손님들은 '어린아이가 진짜로 커피를 내릴 수 있을까?'라고 신기해했다. 능숙하게 포스POS 기계를 다루고 커피 머신을 작동하여 커피를 내리는 아이의 모습에 또래 친구들도 깜짝 놀랐다.

어려서부터 아르바이트를 해서 용돈 버는 법을 알게 된 준이는 일할 기회를 적극적으로 찾아 나선다. 1,000원을 벌기 위해서도 일하려 드는 아이여서 우리 랜드의 여기저기를 정리하고, 말에게 여물을 주는 체험에 쓰이는 판매용 당근도 열심히 썬다.

해마다 여름이면 주차장에 수국 꽃이 져서 지저분해지는데 이듬해에 더 예쁘고 풍성한 수국 꽃을 보려면 수국 꽃머리를 잘라줘야 한다. 아이는 수국 꽃머리를 잘라주는 아르바이트도 한다. 수국 꽃머리 1개당 200원으로, 개수가 꽤 많기에 몇 시간 동안 몇 만 원을 벌 수 있어서 아이가 특히 아주 신나 하는 일이다.

지금은 일곱 살 딸도 커피 내리는 방법을 배워서 바리스타 역할을 가끔 한다. 아이는 자신이 만든 아이스 아메리카노를 엄마가 마시면 그렇게 행복하단다. 한 모금 마시는 엄마를 바라보면서 잇몸이 활짝 만개한다. 한 잔에 500원이지만, 직접 만들어서 친할아버지에게 배달해 판매할 때는 잔당 2,000원의 수익을 올린다. 이렇게 번 돈은 늘 가지고 다니는 돼지 저금통으로 들어간다. 구슬땀을 흘려 열심히 모은 돼지 저금통의 돈을 얼마 전 어려운 이웃에게 기부하며 의미 있게 썼다.

아이는 돈이 없고 집에는 일이 많다면

초등 4학년 때부터 용돈을 받기 시작한 준이는 한 달 용돈이 1만 원이었다. 5학년이 되면서 따로 용돈을 받지 않았는데, 방송국 MC와 각종 CF 모델로 활동하며 받은 출연료 등으로 한 달 평균 수입이 30만 원을 웃돌기도 했다.

그런데 6학년이 되자 상황이 좀 달라졌다. 코로나 때문에 모든 방송 활동을 못 하게 되자 한순간에 수입이 사라진 것이다. 심각성을 느낀 준이는 나에게 찾아와서 일할 기회를 달라고 제안했다. 〈쭈니맨〉에서 준이는 그때 이야기를 이렇게 전한다.

> 제가 4학년 때부터 매월 1만 원을 용돈으로 받았는데요, 편의점에 몇 번 다녀오면 돈이 하나도 없는 거예요.
> 그래서 머리를 떼굴떼굴 굴려봤습니다. '아, 아르바이트를 해야겠다!'라고 생각했어요. 나이가 어리니까 다른 곳에서는 일하기 힘들어서 엄마한테 서로 윈윈할 수 있다며 제안했습니다. 용돈을 1만 원 이상으로 올려달라고 해도 저희 엄마는 더 주실 분이 절대 아니시거든요.
> "엄마, 제가 나이도 들어가고 돈을 직접 벌어보고 싶은데요, 동네 편의점에 가서 아르바이트를 하고 싶어도 나이가 어려서 안 되더라고요.

혹시 제가 집에서 본격적으로 집안일 아르바이트를 할 수 있을까요? 대신 용돈은 계속 안 받고 정정당당하게 노동해서 벌게요."

"진짜? 용돈을 달라고 안 하겠다고? 좋아! 오늘부터 너를 아르바이트생으로 고용할게."

그렇게 저는 엄마 사장님의 '홈 알바생'이 되어 지금까지도 안 잘리고 아르바이트를 잘하고 있습니다.

설거지에는 2,000원, 쓰레기 버리기에는 1,000원, 음식물 쓰레기 버리기에는 2,000원, 빨래 널기에는 1,000원……. 그런데 그 금액은 그날그날 일할 양에 따라 달라집니다. 엄마 사장님이 알바생인 저를 호출하면 제가 집안일의 양과 소요 예상 시간을 보고 금액을 협상합니다.

엄마가 "알바생! 오늘 음식물 쓰레기 버리기 2,000원 오케이?"

헉! 그런데 제가 보니 냉장고를 싹 정리해서 음식물 쓰레기가 아주 산처럼 쌓였더라고요. "아이고, 사장님! 이 정도의 양이면 5,000원은 주셔야 가능합니다. 제가 지금 바쁘니까 천천히 생각해보시고 연락 주세요"라고 하면 직접 버리러 가기 싫은 엄마가 결국 오케이를 외칩니다.

이렇게 그때그때의 상황에 따라 거래를 해서 매월 1만 원의 용돈보다 훨씬 많은 돈을 벌게 됐습니다. 홈 알바는 부모님도 좋고, 저도 좋아서 서로 윈윈할 수 있는 아르바이트이니 적극 추천합니다.

— 유튜브 〈쭈니맨〉 '13살 3,000만 원 – 월 1만 원 용돈에서 월수익 150만 원을 만든 이야기' 중에서

흥정을 통해 길러지는 협상의 기술

자기 방을 정리하는 일 말고, 그 이외에 집안일마다 일정 가격을 정해놓고 준이가 홈 알바를 할 때마다 냉장고에 붙여둔 '홈 알바 정산표'에 기록했다가 필요할 때 정산해주곤 한다. 요새는 준이에게 요령이 생겨서 제법 흥정을 하자고 나온다.

아빠 방의 큰 옷걸이가 쓰러진 적이 있었다. 엄청난 양의 옷이 모두 흩어졌다. 나는 홈 알바생인 준이를 급히 찾았다. 아이는 그 광경을 보자마자 흥정을 시작했다.

"난리가 났군요. 저 옷들을 정리하는 데는 얼마나 주실 건가요?"

"응…… 1만 원 줄게."

"아이고, 사장님! 요 정도면 3만 원은 주셔야 됩니다. 이 엄청난 양을 보세요. 아니면 저 못 해요. 제가 지금 바쁘니까 잘 생각해보시고 그래도 제가 필요하면 불러주세요."

이렇게 집에 큰일이 터지면 홈 알바생 준이의 아르바이트비 협상이 제대로 들어온다. 결국 나는 준이 알바생을 3만 원에 쓰기로 했다.

원래 준이는 자기 방 청소를 스스로 하는 편이다. 자기 방은 대가 없이 아이가 스스로 청소해야 하므로 아이에게 맡기고 있기 때문이다. 다만 자율에 맡긴 만큼 아이의 방이 지저분해도 잔소리를 하지 않는다. 내가 잔소리하는 것을 무척 싫어하는 사람이기도 해서 그냥 바빴나 보다, 힘들었나 보다…… 생각하고 이해하며 넘어간다. 그건 어차피 본인의 일이니까.

준이가 자기 방도 깔끔하게 청소해놓고 홈 알바까지 제대로 해내는 완벽한 아이는 아니라는 이야기를 하고 싶다. 특별한 아이만이 홈 알바 등을 통해 자기 용돈을 스스로 벌 수 있는 것은 아니다. 이렇게 음식물 쓰레기를 버리고 페트병을 분리하여 번 작은 돈의 효과는 돈의 귀중함을 깨닫는 것으로 나타난다. 준이는 작은 돈도 함부로 하지 않는다.

TIP 엄마와 아이 모두가 즐거운 홈 알바 노하우

1. 집안일 항목별로 금액을 정한다.
2. 홈 알바 정산표를 만들어서 잘 보이는 곳에 붙인다.
3. 아이가 홈 알바를 하면 정산표에 날짜, 단가, 누적 금액 등을 스스로 적게 한다.
4. 홈 알바비는 집안일이 생기는 상황에 따라 유동적으로 달라질 수 있다.
5. 용돈이 필요할 때는 아이에게 필요한 금액만큼 엄마한테 정산 요청을 하도록 한다.
6. 계속해서 홈 알바를 하며 돈 모으는 재미를 느낄 수 있게 격려한다.

사고파는 것도 훈련이 필요하다

직거래 판매에 재미를 붙인 아이

꿈도 자주 바뀌고 여러 일을 도모해온 준이가 모든 일마다 성공했던 것은 아니다. 아무리 일찍 경제에 눈떴다 해도 아이는 아직 배워야 할 것이 많기 때문이다.

우리 사업장의 문을 일정하게 열 수 없었던 지난해에는 준이의 미니카도, 자판기 음료수도 판매 수익이 줄어들 수밖에 없었다. 고객이 찾아올 수 없다면 내가 찾아갈 방법은 없을까? 고객을 찾아갈 방법을 연구하던 아이는 당근마켓에서 미니카를 팔기 시작했다. 누군가 미니카를 사겠다고 연락해오면 직거래를 하거나 택배로 배송해주곤 했다.

당근마켓은 만물상이다. 별별 물건이 다 등록되어 있으니 준이도 자신이 팔 수 있는 물건을 궁리하다가 집 안에서 잘 쓰지 않는 물건을 올리기 시작했다. 개중에는 남편의 물건이 섞여 있기도 했다. 남편의 태권도 발차기 연습용 미트를 올렸더니 10분 만에 사겠다는 사람이 여럿 나섰다. 제일 빨리 입금해준다는 사람과 협상하고는 부지런히 챙겨 들고 나가는 아들을 보고서 깜짝 놀란 남편이 물었다.

"준아, 어디 가니? 너 혹시 그걸 팔려는 건 아니지?"

"아뇨, 팔려고요, 아빠. 이거 오랫동안 안 썼잖아요."

파는 데 재미를 붙인 아이가 집 안 요기조기를 뒤지면서 안 쓰는 물건을 찾아서 사진을 찍어 판다고 올려놓았다. 서둘러 준이가 올린 물건들을 찾아본 우리는 깜짝 놀랐다. 제발 본인 것만 팔아달라고 당부해야 했다.

그러다가 사놓고 쓰지 않던 드론을 당근마켓에 올렸나 보다. 어느 날 드론이 팔렸다며 신나서 드론 상자를 들고 나갔다. 집 앞에서 직거래로 3만 원을 받고 기분 좋게 집으로 돌아왔다. 어떤 아저씨가 사 갔다고 했다. 문제는 1시간도 지나지 않아서 터졌다.

모든 거래에는 반드시 사후 관리가 따른다

당근 알림음이 와서 보니 드론을 산 아저씨가 항의 메시지를 보내왔다.

"상자를 열어보니까 배터리가 없던데요?"

"네, 원래 없었어요."

"배터리도 없는 걸 팔면 어떡해요?"

"그래서 제가 배터리는 없다고 사진 아래에 써놨어요. 그것 때문에 싸게 파는 거라고요."

"나는 못 봤는데."

"다시 잘 보세요. 쓰여 있어요."

"아니 당연히 배터리 있는 걸 팔아야지, 그럼 아까라도 말을 해주든가."

"저는 제 설명을 다 읽어보고 사시는 줄 알았어요."

"아니, 배터리도 없는 걸 어떻게 쓰라고 팔아요? 우리 아이한테 주려고 샀는데 지금 울고불고 난리가 났다고."

사실은 준이도 땀을 삐질삐질 흘리는 중이었다. 곧 울음을 터뜨릴 것 같은 표정으로 "어떡하죠?"라고 물었다. 어설픈 거래로 산 사람, 판 사람 두 집 아이들이 다 울게 생겼다.

그래도 나는 멀리서 조용히 준이를 지켜볼 뿐 크게 관여하지 않았다.

모든 거래에는 늘 사후 관리가 따른다. 소비자나 구매자의 불만에 스스로 대처할 능력이 있어야 장사도 할 수 있는 것이다. 스스로 물건을 팔았으니 구매자의 불만까지 스스로 해결해보라고 두었다.

아이는 배터리만 따로 살 수 있는지 드론 제조사에 전화를 걸어서 열심히 구매 여부와 가격을 알아보고 그 사실을 구매자에게 알리느라 부산을 떨었다. 그러나 결국 땀인지 눈물인지 모를 것으로 홍건해진 얼굴을 하고 방에서 나왔다.

"무조건 환불해달래서 결국 환불해주기로 했어요."

자신이 파는 물건의 특징이나 결함에 대해서는 구매자에게 명확히 잘 알려야 한다는 것을 이번 기회를 통해 뼈저리게 경험한 셈이다.

거래를 서두르다 보면 꼭 실수를 하게 된다. 팔 때도 그렇지만 살 때도 마찬가지다. 사업을 하다 보면 이런 일은 비일비재하기에 부모가 나서서 해결해주는 것보다 아이 스스로 느끼며 해결하는 능력을 키우는 것도 아주 값진 경험이다. 이렇게 열세 살 준이는 'CS Customer Service'라는 고객 서비스를 배웠다.

도마뱀을 분양합니다

지난여름, 준이는 파충류 카페에서 도마뱀을 보고 단번에 반해버렸다. 작고 노란 도마뱀은 생물인지, 인형인지 구분이 안 갈 정도로 귀엽고 야무지게 생겼다. 준이는 도마뱀이 너무 귀여워서 키워보고 싶다고 했다. 그리고 그냥 키우기만 하는 것이 아니라 도마뱀 분양 사업을 하겠다고 나섰다. 요 귀여운 걸 키우는 재미도 느끼면서 자기처럼 도마뱀을 좋아하는 사람들에게 분양할 수도 있으니 새로운 사업 아이템으로 좋을 것이라는 생각이었다.

나에게 그에 대해 의논하면서 아이는 도마뱀을 너무너무 키우고 싶다고 했다.

"엄마가 보기에 이 분양 사업은 대중적이지 못해. 신중하게 생각해."

나는 반대하는 입장이었다. 생물은 끝까지 책임져야 하는 것이다. 일반 물건을 사고파는 것과는 차원이 다른 일이다.

그러자 준이는 혼자 도마뱀 가격을 알아보려고 유튜브를 뒤졌다. 도마뱀 가게를 운영하는 사람들이 여러 영상을 올려놓았는데, 거기에서 얘기하는 가격들이 엇비슷했다. 가격대를 확인했다고 생각한 아이는 스스로 결심을 굳혔나 보다.

며칠 후, 준이가 외출을 하겠다는데 눈치가 좀 이상했다. 그 무렵 아이는 나한테 용돈을 맡기지 않고 따로 모으는 것 같았다. 그 돈을 챙겨 들고 나가는 듯했다.

마침 나도 나갈 일이 있어서 차로 조용히 따라가봤다. 준이는 30분 정도 버스를 타고 가서는 지도를 들여다보며 어느 골목으로 찾아 들어갔다. 준이에게는 낯선 곳이었다. 어떤 가게로 들어서는데 보아하니 도마뱀을 파는 곳 같았다. 엄마가 자신의 도마뱀 분양 사업에 반대하니까 몰래 간 것이었다. 놀란 나는 그대로 두고 볼 수만은 없어서 뒤따라 들어갔다.

"준아, 가격만 알아보고 나와. 사지는 말고. 신중해야지."

급히 서두르면 물만 마셔도 체한다

그렇게 신신당부한 나는 내 볼일을 보고는 곧장 준이를 데리러 가려는데 준이가 먼저 전화했다. 신난 목소리였다.

"엄마, 도마뱀을 샀어요. 너무 예뻐요!"

눈앞의 도마뱀을 보고서 마음이 녹아버렸나 보다. 암수 한 쌍을 34만 원에 샀다고 했다.

"뭐라고? 개당 17만 원이라고?"

"엄마, 개수로 세면 안 되죠. 생명인데요."

아이는 이미 도마뱀 사랑에 폭 빠졌다.

도마뱀 한 쌍은 최대 일곱 차례까지 산란을 한다고 한다. 암컷의 마릿수를 늘리면 수익이 꽤 나리라는 계산이 일단 산술적으로는 가능했다. 그렇게 준이의 도마뱀 분양 사업이 시작된 듯했다.

하지만 집에 돌아와서 가격을 확인해보니 너무 비싸게 산 것이었다. 원래 도마뱀은 종류별로 다르겠지만 그리 비싸지 않았다. 준이가 산 도마뱀 정도면 일반적으로 1마리당 5~10만 원 선에서 거래됐고, 도마뱀을 키우다가 사정이 생겨서 그냥 주는 경우도 많았다. 이미 저질러진 일이어서 속상했지만 어쩔 수 없었다. 자본도 많이 들어갔고 생명체니까 아이가 스스로 더욱 책임감을 느끼리라고 믿어보기로 했다.

그런데 그다음 날 보니 도마뱀 한 마리의 상태가 영 이상했다. 비실대며 배에 오돌토돌 두드러기 같은 것이 올라와 있었다. 아이가 도마뱀 가게에 몇 번 전화를 걸어서 도마뱀이 이상하다고 알렸다. 그 과정에서 판매자는 감정이 상했는지 좀 불쾌해했다. 환불이나 교환은 불가하니 법적으로 대응하라고 나왔다.

아이가 34만 원이나 지불한 생명이었다. 잘못 키우거나 죽기라도 하면 손실은 차치하고, 아이가 죄책감에 상처를 입을 수 있는 일이었다. 결국 내가 도와줘야겠다 싶어서 아이와 함께 도마뱀 가게를 다시 찾아가서 긴 이야기 끝에 아픈 도마뱀 한 마리만 어렵사리 교환받고 나왔다.

이 경험을 두고, '우리가 도마뱀 가게를 운영한다면 이럴 때 어떻게 응대했을까?'를 주제로 많은 대화를 나누었다. 준이에게는 도마뱀을 구입하고 교환하는 과정을 통해 구매와 판매, 고객 응대, 문제가 발생했을 때 해결하는 태도 등에 관하여 구매자의 입장뿐만 아니라 판매자의 입장에서도 많은 것을 경험하고 느끼는 계기가 되어줬다.

아이는 실패를 통해 기회비용을 배운다

엄마가 말리는데도 혼자 도전해본 첫 사업의 기억은 쓰라렸다. 현재도 준이의 도마뱀 분양 사업은 진행 중이지만 시작이 좋지 않아서인지 전혀 재미를 못 보고 있다. 아이 스스로도 "쉽게 돈을 벌 수 없다는 것을 알았다" 라고 말했는데 아마도 거의 처음 맛본 실패였을 것이다.

"네가 잃어버린 기회비용도 꼭 생각해봐야 할 거야."

34만 원이라는 돈의 기회비용에 대해서도 다시 설명해줬다. 도마뱀을 사지 않았더라면 그 돈으로 할 수 있었던 다른 일도 많으니까 말이다. 아이가 그 문제를 깊이 생각해주길 바랐다. 돈은 쓰기 전에 반드시 여러 경우의 수를 두고 생각에 생각을 거듭한 뒤 현명하게 소비해야 한다는 것을 알게 됐으리라 믿는다.

아이 스스로도 뒤늦게 후회가 많았다.

"차라리 더 모아서 다른 곳에 투자해도 좋았을 텐데."

주식에 투자하고 나서는 그 돈도 주식 투자에 같이 넣었다면 얼마나 좋았을까, 후회로 한숨을 푹푹 쉬는 아이에게 이 또한 좋은 경험, 큰 교훈이었다고 생각하자며 위로했다.

그 후, 준이는 자기가 하고 싶은 사업이 있으면 꼭 부모님과 먼저 의논하기로 약속했다.

무슨 결정을 할 때는 경험자, 반대자의 목소리도 들어봐야 한다. 물론 어떤 일을 해보겠다는 아이를 무작정 못 하게 막기보다는, 그런 과정을 통해 찬반의 목소리를 토대로 본인이 결정한 최종 선택이라면 존중해주는 것이 좋다. 실패를 경험했을 때 그 감정을 온전히 느끼고 스스로 반성하며 많은 생각을 하게 되기 때문이다.

실패 경험도 아이에게는 큰 자산이 된다.

TIP 물건을 사기 전에 잠깐!

1. 물건을 살 돈으로 또 무엇을 할 수 있을지 기회비용을 따져보기
2. 충동구매 전에 우선 행동을 멈추고 그냥 돌아와서 최소한 하루는 다시 생각해보기
3. 아무리 생각해도 사야겠으면 후회 없이 기분 좋게 구입하기

말들이 먹을
건초 작업 돕기

수국 꽃머리 자르기
아르바이트

카페 '분홍분홍해'
객원 바리스타 아르바이트

'말 당근 주기 체험용'
당근 썰기 아르바이트

Chapter 4

부모는 아이의 꿈 매니저

•
•
•

아이의 재능보다 중요한 것

우리 아이는 영재가 아닐까?

준이가 초등 2학년에서 3학년으로 올라갈 무렵이었다. 〈영재 발굴단〉은 평소 우리가 재미있게 즐겨 보던 TV 프로그램이었는데, 남편이 그 프로그램의 카메라 감독과 함께 집에 들어왔다. 남편과는 고등학교 동창이라고 했다.

그때 준이는 한창 개그 프로그램에 나가고 싶다고 혼자 콩트를 짜면서 연습하던 시기였다. 나는 방송에 대해 잘 아는 분에게 조언을 구하고 싶었다.

"감독님, 준이가 개그맨이 되고 싶다는데 어떻게 준비하면 될까요?"

그분은 준이가 놀고 말하는 모습을 한참 지켜보더니 한마디 했다.

"제가 보기에 준이 같은 아이는 〈영재 발굴단〉에 나오면 좋겠는데요."

"네? 〈영재 발굴단〉요? 어머나, 세상에……."

나는 정말로 깜짝 놀랐다. 〈영재 발굴단〉이라니 상상조차 못 한 일이었다.

감독님이 준이에게 물었다.

"너는 상당히 똑똑해 보이는데 뭐 특별한 것 없어?"

준이가 덥석 대답했다.

"있죠…… 있어요! 그런데 좀 찾아봐야 해요. 시간을 좀 주세요."

"맞아요! 우리 준이한테도 영재성이 있어요."

나도 볼이 발갛게 상기된 채 물개 박수를 치며 좋아했다. 준이가 하고 싶어 하는 방송 활동을, 나중에 커서 오디션도 봐야 하는 개그 프로그램보다 지금 바로 나갈 수 있는 〈영재 발굴단〉으로 시작하면 더 좋겠다는 생각이 들었다. 준이와 나는 생각만으로도 마음이 아주 들떴다.

일주일 안에 아이의 영재성 찾기

우리에게 주어진 시간은 일주일이었다. 뭔지는 모르지만 하여간 영재성이 숨어 있는 듯한 준이의 재능을 찾아내기 위해 우리는 열심히 부지런을 떨었다.

그때 한창 인기를 끌던 트로트 음악 프로그램들을 보고서 혹시 준이는 트로트 영재가 아닐까 하는 생각이 들었다. 준이는 〈내일은 미스터 트롯〉에 나가보겠다고 열심히 연습을 하기도 했다. 트로트를 불러보겠다던 준이가 얼마 안 되어 말했다.

"엄마, 큰일 났어요. 왜 갑자기 고음이 안 올라가죠? 변성기가 오는 것 같아요."

열 살짜리가 변성기라니, 준이는 하도 노래해서 목이 쉬었던 것이다. 내가 가만히 들어보니 트로트 특유의 꺾기와 떨림이 많이 아쉬웠다. 우리는 빠르게 트로트의 길을 접기로 했다.

준이는 평소 본인의 음감에 아주 자신 있어 했다.

"엄마, 제가 사실 음감은 아주 좋잖아요."

준이가 다섯 살 때 전자레인지의 "띵!" 하는 작동 마침 알림음을 따라서 "미!" 소리를 낸 적이 있다. 그때 내가 흥분하여 소리쳤다.

"절대음감! 준이가 음감이 아주 뛰어나구나? 엄마는 지금 소름이 막 돋았어. 대단한데!"

이렇게 부모는 작은 계기로도 아이의 영재성을 발견했다고 느끼니까.

이번에는 준이가 피아노를 열심히 쳐봤다. 하루 이틀 피아노를 뚱땅거렸는데 피아노 영재도 아닌 것 같았다. 눈을 감고 아무리 긍정적으로 감상하려 해봐도 음악적 감흥이 일지 않았다. 본인도 이건 아니라고 느꼈는지 갑자기 책을 보기 시작했다. 혹시 암기의 영재? 아니면 속독의 영재? 가만히 지켜봤지만 역시 별 특별함이 없었다. 이것도 아니었다.

"엄마, 저는 혹시 언어 영재가 아닐까요?"

암기력이 좋고 말을 잘한다는 소리를 많이 들어왔기에 그럴 수도 있겠다 싶었다. 영어책을 읽고 영어를 열심히 해봤다. 이것도 영 아니었다.

공부 쪽은 아닌 듯해서 이번에는 몸으로 하는 것 중에서 찾아보기로 했다. 축구를 좋아하니까 축구 재능이 있을지도 모른다고 축구공을 들고 밖으로 나가 땀을 뻘뻘 흘리며 뭔가를 찾기 위해 이런저런 기술을 선보였다. 아니다, 이것도 또한 아니었다.

재주도 많고 뭐든 잘해서 분명 어딘가에 영재성이 숨어 있는 것 같기는 한데 대체 어디에 숨어 있는 거지? 아이도 나도 답답하기만 했다.

"준이의 영재성은 찾았어?"

남편 친구한테서 전화가 왔다.

"아니…… 못 찾았어. 그게 갑자기 찾으려니 쉽지가 않네."

며칠 후에 또 전화가 왔다.

"찾았어?"

"아직……."

아이의 영재성을 발굴해줄 전문가를 찾아서

답답했다. 분명 어느 방면에는 영재성이 숨어 있을 것 같은데 우리로서는 그것을 찾을 수가 없었다. 일주일 동안 준이의 영재성을 찾는 데 실패하고, 다시 〈영재 발굴단〉이 방송되는 날을 맞았다. 아이와 함께 그 프로그램을 집중해서 봤다.

그리고 깨달았다. 우리도 아동의 영재성을 확인해주는 전문가를 찾아가서 준이의 적성검사를 받아야겠구나. 인터넷으로 알아보니 그 전문가의 상담실은 서울에 있었다. 전화로 예약했더니 상담 날짜까지는 한참 멀기만 했다.

드디어 기다리고 기다린 상담일이 왔다. 준이를 데리고서 준이 아빠까지 함께 비행기를 타고 서울로 올라갔다. 이번에는 반드시 아이의 영재성을 찾겠다고 마음을 굳게 먹었다.

여러 검사를 하고 결과를 들으러 상담실에 들어갔다.

전문가는 단호하고 냉정하게 한마디로 결론을 지었다.

"이 아이는 영재가 아닙니다. 적성검사상 특출한 재능은 아무것도 없었어요. 오히려 좀 산만하고, 끈기와 지구력도 부족합니다."

온몸에 힘이 빠지고 머릿속이 하얘지기 시작했다. 실망할 아이를 생각하니 눈물이 다 나왔다.

그러고 나서 전문가는 준이와 일대일 상담을 시작했다. 그때 준이에게 그림을 그려보게 한 모양이었다. 그 결과를 부모에게 설명하기 위해 우리 부부를 다시 불렀다. 아이가 부모라는 존재를 늘 바쁜 사람으로 인식하고 있다면서 부모의 사랑이 부족하다고 했다. 엄마가 사업만 좋아한다는 이야기도 나왔다.

"어머님, 아버님이랑 많이 다투시나 본데 이제 아이를 위해서라도 그만

하셔야 됩니다."

미처 알지 못했던 아이의 진짜 마음

나는 고등학교 때부터 부자가 되고 싶었다. 성공도 하고 싶었다. 상상력이 풍부한 꿈 많은 소녀였다. 고등학교를 졸업하고 대학교 1학년이던 스무 살에 제주의 한 방송국에 시험을 본 후 학교 생활을 병행하면서 기상캐스터와 리포터로 사회생활을 시작했다.

스무 살 첫 방송은 7시 뉴스의 기상 캐스터였다. 매일 새벽 3시 반에 일어나서 7시에 시작하는 날씨 뉴스 생방송만 3년을 했다. 스물세 살에 결혼한 후 서울에서 방송할 때도 새벽부터 준비해야 하는 아침 생방송을 맡았다. 나중에 제주도로 다시 돌아와 라디오 DJ로 진행을 했을 때도 아침 생방송이어서 나의 20대는 마음 편히 놀아본 적 없는 긴장의 연속이었다.

스물일곱 살 때 라디오 아침 방송을 진행하던 시절에 준이를 가지게 됐는데 준이를 낳고 두 달 만에 바로 복직했다. 하지만 그러고 나서 두 달 후 시부모님이 운영하던 관광사업체 옆에 카트장을 오픈하면서 방송을 그만뒀다.

우리 사업장은 계속 공사 중인 상태였고, 나는 갑자기 장사를 시작한 상황에서 아무것도 모르는 사람이 사장님 소리를 듣게 됐다. 한 번도 해보지 않은 장사였지만 빨리 적응해야 하는 상황이었다. 정말 열심히 일했다. 매일매일 공사를 주도하면서 여기저기 고치고 직접 페인트칠도 해가며 손님을 상대하느라 최선을 다해야 했다.

고맙게도 사업장은 빠르게 자리를 잡았고, 그사이에 두 아이도 이만큼 자랐다. 정신없이 살아온 세월이었다. 너무 바쁘다 보니 무슨 사건이라도 터지면 제대로 수습할 겨를이 없었다. 크고 작은 사고가 많은 사업장을 운영하다 보니 함께 사업하는 남편과도 자연히 의견이 충돌하고 다툼이 생길 수밖에 없었다. 그런 어른들 틈에 끼어서 준이가 외롭게 힘들어하고 있는 줄은 몰랐다.

나는 전문가의 이야기를 듣고 가슴이 무너졌다.

"선생님, 이제 제가 어떻게 하면 되나요?"

부모에게 가장 중요한 사업

"어머님, 사업 중에서 가장 중요한 사업이 무엇인 줄 아세요? 바로 자식 사업입니다. 100억을 벌어서 물려줘도 자식이 잘못되면 다 소용없습니다."

그때 나는 크게 깨달았다. 아, 자식 사업을 잘해야겠구나.

"아이의 마음을 챙겨주세요."

전문가는 대한민국의 유명 사업가를 많이 아는데 모두 자식 때문에 무너진다고 했다. 지금부터라도 자식 사업을 잘 다지지 않으면 경제적인 성공은 무용지물이다.

상담실에서 나와 서울 길바닥에서 우리 셋 다 울었다. 우리 부부는 돌아볼 여유도 없이 일만 한 것 같아서 준이에게 미안하기 그지없었다.

준이는 바쁜 엄마, 아빠 대신에 운동회까지 항상 외할머니, 외할아버지와 동행했다. 친정 부모님이 두 아이를 맡아서 사랑으로 살뜰히 보살펴줬지만, 그래도 아이는 부모의 사랑이 그리웠나 보다.

외롭고 꿈 많은 아이. 준이를 도와줘야겠다. 나에게 가장 중요한 일은 아이들이다. 내가 열심히 돈을 번 것도 아이들을 위해서였다. 순서가 잘못됐다는 사실을 이제라도 알아서 정말 다행이었다. 이제부터 아이들의 꿈을 지원하는 일을 내 사업이라 생각하고 아이의 꿈을 위해 함께 노력하기로 했다.

"네 꿈을 위해서 엄마가 같이 뛸게."

무엇보다 그날 상담실에서 내가 얻은 것은 아이와 대화하고 응원하는 방법이었다.

"어머님, 바쁘셔도 아이의 말에 집중해서 경청해주세요. 그리고 아이와 두 눈을 맞추고 응원해주는 것도 잊지 마세요. 눈이 마주칠 때마다 이렇게 '우리 아들 최고!'라고 얘기해주세요."

양손의 엄지를 동시에 치켜세우는 손동작을 크고 확실하게 보여주면서 큰 목소리로 말해주라는 것이었다. 나는 배운 대로 열심히 실천했다. 준이가 신기한 이야기를 하거나 신통한 생각을 해내면 지체 없이 큰 소리로 열렬하게 칭찬했다.

"우와~~~ 우리 아들 최고!"

엄지를 치켜올리며 요란하게 응원하자 처음에는 어색한지 민망해하던 아이가 차츰 밝게 웃어 보였다. 이제는 엄마의 그런 반응이 당연하다는 듯 너무나 행복해한다.

결국 준이의 영재성을 찾지 못하여 〈영재 발굴단〉에 나가려던 꿈은 이루지 못했지만, 나는 그날 서울에 가기를 정말 잘했다고 생각한다. 내 삶에서 가장 중요한 것을 찾은 날이었다.

준이는 이제 영재성을 검증할 필요가 없다. 최근 들어 '경제 영재'라는 소리를 곧잘 듣지만, 준이는 영재가 아니어도 이미 많은 것을 경험하고 성취해냈으니까.

아이의 꿈을 실현하기 위한 작은 시작

아이의 꿈을 시각화하라

열한 살 준이는 TV 프로그램 〈런닝맨〉에 푹 빠져 있었다. 하루 종일 TV 앞에 앉아서 〈런닝맨〉의 모든 회차를 이어서 몇 시간이고 봤다. 그러고는 꽤나 진지한 표정으로 자신도 〈런닝맨〉에 나가고 싶다고 했다.

"엄마, 제가 어떻게 하면 〈런닝맨〉 멤버가 되어 텔레비전에 나올 수 있을까요?"

"준아, 뭐든지 노력 없이는 되기가 힘들어. 지금부터 네가 〈런닝맨〉에 나올 수 있을 거라고 믿고서 연습해볼까?"

"어떻게 연습하면 돼요?"

"멤버 캐릭터 중 어떤 캐릭터가 제일 하고 싶니?"

"유재석 삼촌 캐릭터요."

"그럼 〈런닝맨〉에 나오는 유재석 삼촌의 멘트와 동작을 놓치지 말고 다 따라 해봐. 그리고 그 상황에서 왜 이런 멘트를 날렸을까, 왜 그런 동작을 했을까를 생각하고 연구하는 거지. 네가 유재석 삼촌이 된 것처럼 생생하게 상상해봐. 〈런닝맨〉에서 함께 뛰고 있는 너의 모습을. 꿈은 간절하게 원하면 반드시 이루어지거든. 다만 열심히 노력해야만 가능해. 할 수 있지?"

"네, 엄마. 열심히 연습하면서 상상해볼게요."

준이가 몇 시간이고 누구의 방해도 받지 않은 채 혼자 연구와 연습에 몰두하도록 나는 조용히 방문을 닫아줬다. 그러고 나서 컴퓨터 앞에 앉아 〈런닝맨〉 멤버들이 나온 포스터에 준이 사진을 마치 같은 멤버인 것처럼 합성해 출력하여 코팅했다. 그 포스터를 아이의 방, 잘 보이는 곳곳에 붙였다. 아이가 매일 그 포스터를 보면서 재미있게 연습하고 생생하게 상상해보길 바랐다.

"준아, 상상해봐. 네가 〈런닝맨〉에서 함께 뛰는 모습을."

재능의 발견과 지지받지 못한 꿈

방송 일은 힘들다. 특히 연예인의 경우에는 일찍 시작하지 않으면 성공

확률이 낮다. 아니 기회조차 잡기가 힘들다.

"아무도 도와줄 사람이 없는 여기에서 내가 뭘 하고 있는 거지?"

나에게는 그쪽 생리를 체감한, 온몸이 떨리도록 절망감을 느꼈던 가슴 아픈 경험이 있다.

돌이켜 보건대, 어릴 때는 내가 발표력이 있거나 방송에 소질이 있는 줄 몰랐다. 고등학생 때였다. 실과 시간에 '성性'을 주제로 발표한 적이 있다. 여자와 남자가 만나서 아기를 낳는 이야기를 구성애 선생님처럼 했다.

나는 재미있는 줄 몰랐는데 내 이야기를 듣는 친구들은 난리가 났다. 얼굴이 빨개지도록 웃으며 배꼽을 잡았다. 그때 나한테는 좀 재미있게 말하는 재주가 있구나, 발표력이 있나 보다, 처음 생각하게 됐다. 겉보기에는 얌전하고 단정해 보이는데, 알고 보면 '허당'에다가 말도 재미있게 하는 것이 의외라서 더 웃기다고 했다. 사실은 아나운서와 MC로 한창 방송 활동을 할 때도 마음 한구석으로 〈개그콘서트〉 공채 시험을 볼까 심각하게 고려한 적이 있었다. 물론 너무 바빠서 시도는 해보지 못했지만 말이다.

고등학교 2학년이 되었을 때 우연히 어느 뷰티 방송에서 인형처럼 예쁜 아나운서를 보게 됐다. 나도 나중에 저렇게 TV에 나오는 사람이 되면 어떨까, 꿈 같은 상상을 해봤다.

그러던 어느 날, 언니가 패션 뷰티 잡지의 모델에 응모해보라고 권했다. 하지만 엄마도 반대하고 해서 잘되지는 않았다.

그때는 케이블 TV가 막 생기던 시절이었다. 서울의 한 음악 케이블 방송국에서 VJ를 뽑는다는 소식을 듣고서 지원했더니 제주도 사람으로는 고등학생인 내가 선발됐다. 그런데 VJ로 활동하려면 서울에 가야만 했다.

엄마가 이번에도 엄청나게 반대했다.

"서울이 어떤 데인데! 아주 무서운 데라고!"

엄마의 반대는 완강했다. 지금 생각해보면 이해도 되지만, 간절했던 내 여고 시절의 꿈과 좋은 기회는 그렇게 접을 수밖에 없었다.

꿈을 좇아 떠난 곳에서 길을 잃다

건축공학과에 진학하여 도면을 그리고 캐드CAD를 배울 때도 나는 못다 이룬 꿈인 방송을 하고 싶었다. 대학교 1학년이던 스무 살에 다시 도전했다. 그리고 마침내 제주방송국 보도국의 기상 캐스터와 리포터로 합격했다.

항상 꿈꿨던 일이었으므로 학교에 다니며 방송 활동도 열심히 했다. 아무것도 모르던 나를 보도국장님이며 보도국 기자님들이 친절히 가르쳐줬다. 내가 실수해도 무슨 일이든 적응하는 데 시간이 필요하다며 믿고 기다려줘서 고맙게도 정말 잘 배웠다.

그렇게 제주도에서 2년 반 동안 활동하고 나니 어느 정도 방송 경력을 쌓은 것 같았다. 내가 원하는 것은 서울에서 다양한 방송 활동을 하는 것이었다. 제주도에서 시작했어도 생방송 현장에서 쌓은 경험이 있으니 서울 방송국에도 도전해볼 만하다고 생각했다.

휴학을 하고 서울로 가려 했지만 이번에도 부모님의 반대가 극심했다. 이번에는 나도 끝까지 고집을 꺾지 않았다. 결국 부모님을 설득한 나는 서울에 원룸을 얻어서 혼자 올라왔다.

나는 내가 서울로 올라오면 엄청 잘될 줄 알았다. 원래 긍정적인 성격이어서 걱정을 별로 하지 않는 유형이기도 하지만 방송 경력까지 쌓아놓은 게 있으니 뭐라도 할 수 있을 줄 알았다.

그러나 서울은 넓었다. 이 넓고 낯선 곳에는 나를 아는 사람도, 도와줄 사람도 하나 없었다. 방송국 시험을 보는 방법조차 잘 몰라서 이상하게 다른 길인 연예 기획사 오디션만 자꾸 보게 됐다. 지금 생각하면 참 겁도 없었구나 싶다. 오디션에서 기획사 사람들이 나를 너무나 한심하게 보는 것 같았다.

“너희 집에 돈은 많니? 이 정도로는 안 돼. 살도 더 빼야 하고, 시간이 꽤 걸리겠는데.”

“왜 돈이 필요한가요? 저는 방송 경력이 있어요.”

나는 항변했다.

그들의 말에 따르면 나는 가진 것도 없고, 나이도 많고, 다이어트를 피나게 하고도 방송에 나가기 힘든 존재였다. 어디를 가나 스물두 살 내 나이가 너무 늦었다고 얘기했다. 나의 모든 것이 너무나 초라하게 느껴졌다. 엄마가 서울은 무서운 데라고 말한 이유가 뒤늦게 이해됐다. 그렇다고 이제 와서 내 고민을 부모님에게 털어놓을 염치도 없었다.

청담동에 있던 기획사에서 나와 강남역까지 무작정 걸어오는데 눈물이 계속 쏟아졌다.

'나는 이제 어떡하지?'

강남 거리 한복판에서 인생의 길을 잃고 펑펑 울었다.

꿈을 향한 아이의 간절함

〈런닝맨〉에 나오겠다며 열심히 꿈꾸던 열한 살 준이에게 드디어 기회가 찾아왔다. 어느 제주방송 MC가 "맛있게 잘 먹게 생겼는데" 하며 처음으로 먹방에 초대해줬다. 출연 확정 소식을 듣고 준이가 뛸 듯이 기뻐했다.

매니저로 따라간 나는 어린 준이가 방송하는 모습을 보고 깜짝 놀랐다. 아이에게 방송에 필요한 끼가 있다는 것을 한눈에 알 수 있었다. 잘하고 싶어 하는 간절함이 느껴졌다. 처음 촬영해보는 방송이었고 대본도 없이 전부 애드리브로 진행됐는데 어린아이가 자신의 멘트 타이밍을 놓치지 않으려고 집중하며 애쓰는 게 훤히 보였다.

나중에 보니 온몸이 땀으로 흠뻑 젖어 있었다. 촬영 시간이 길었는데도 지루해하지 않고 나중에는 사람들을 웃기기 위해 아무도 시키지 않았는데 제 온몸을 던져 물이 가득한 풀에 풍덩 빠지기까지 했다. 꿈과 재능을 가진 나의 아이를 진심으로 도와주고 응원하고 싶었다.

네 앞날을 어떻게 도와줄까.

상상력은 힘이 세다

상상력은 힘이 세다. 몸을 움직이는 상상을 하는 것만으로도 직접 몸으로 하는 것과 같은 효과를 얻을 수 있다고 한다. 주로 운동선수들이 쓰는 시뮬레이션 방법인데, 나도 늘 활용하고 있으며 준이도 어릴 때부터 이 방법으로 훈련시켰다.

준이와 함께 빅뱅 콘서트에 간 적이 있다. 빅뱅이 우리 사업장인 성읍랜드에 다녀간 인연으로 초대권을 받은 것이다. 실제로 본 지드래곤은 체격이 그리 건장하지 않고 왜소해 보였다. 그런데 무대 위에서는 가장 큰 사람이었다. 땀으로 머리를 몇 번이나 감고 나올 정도로 굉장한 에너지를 뿜어내며 공연했다. 엄청난 톱스타도 최고의 무대를 보여주기 위해 최선을 다하는 모습에 관객들은 절로 감동의 눈물이 흐를 지경이었다.

"준아, 빅뱅 삼촌들을 봐. 이미 최고의 자리에 올랐는데도 저렇게 최선을 다해 노력하다니, 그 모습을 보고 우리도 반성해야 될 것 같아. 오늘의 이 감동을 절대 잊지 말자."

태어나서 처음으로 아이돌 삼촌들의 콘서트 무대를 보고 준이도 큰 감명을 받은 듯했다. 나도 그 감동의 여운을 되새기느라 한동안 빅뱅의 노래를 계속 들었다. 준이에게는 그날부터 자신도 빅뱅 삼촌들처럼 아이돌 가수가 되고 싶다는 꿈이 생겼다. 바로 댄스 학원에 등록했다. 그런데 단체 댄스 활동이 힘들어 보였다. 도무지 군무를 맞추지 못했다. 내가 말했다.

"너는 솔로 체질인가 보다."

한번은 SBS 뉴스에서 준이를 촬영했을 때 카메라 감독님이 고프로 카메라를 아이에게 보여줬다.

"이 고프로를 들고 엄마랑 너를 찍을 거야. 이 카메라는 〈백종원의 골목식당〉을 촬영할 때 백종원 선생님도 들고 다니는 거야."

"아, 백종원 선생님! 그분이랑 방송하는 것도 제 꿈이에요."

준이는 너무 신이 났다. 방송 촬영을 마치고 집으로 돌아오는 차 안에서 우리의 엉뚱한 대화가 시작됐다.

"준아, 백종원 선생님이랑 프로그램을 많이 만드는 방송국에서 너를 찾아왔고, 이제 선생님도 쓴다는 고프로를 네가 직접 들고 너 자신을 촬영하는 순간이 왔네. 정말 대단하다. 이제 머지않아 선생님이랑 같은 방송도 할 수 있을 것 같아, 그렇지?"

이렇게 이야기를 꺼내면 아이는 볼이 빨개지고 잇몸까지 만개하며 마구마구 상상하기 시작한다.

"엄마, 〈백종원의 골목식당〉에 나갈까요, 어디에 나갈까요?"

"그러게, 어느 프로그램이 좋을까? 먹는 건 우리 준이가 일등인데. 먹방에서 너를 섭외하면 진짜 대박일 텐데."

깔깔깔 웃으며 상상 속을 누비는 우리 대화에는 끝이 없다. 나는 아이가 아무리 실현하기 불가능해 보이는 꿈이라도 자기 꿈을 선명하게 상상해보도록 이끈다. 간절히 원하는 꿈은 상상하는 대로 이루어진다고 믿기 때문이다.

성읍랜드에는 다양한 인기 프로그램에서 촬영하러 많이 온다. 그럴 때마다 나는 어린 준이를 데리고 촬영 현장에 함께 가서 그곳 분위기를 생생하게 보여줬다. 스타나 멋진 인물을 계속 신기하게만 바라보면 영원히 팬으로밖에 남을 수 없기에 그 신비감을 없애주고 싶었다. 더불어 촬영 현장은 실제로 어떤지 그 열기와 현장감도 느끼게 해주고 싶었다.

"유명한 스타도 우리와 같은 사람일 뿐이야. 준아, 너도 할 수 있어. 너는 어리니까 가능성이 아주 많아."

준이는 지금 자신이 그들과 같은 위치가 아닌 것은 단지 자기 나이가 어리기 때문이라고 생각한다. 언젠가 자신도 그들의 위치에 당도하여 나란히 설 수 있을 것이라고 강하게 믿는다. 이 모든 것은 상상이 낳은 자신감이다.

아이를 위한 꿈 매니지먼트 사업

부모는 아이의 꿈 매니저

서울 상담실에 다녀온 후 나는 내 관광사업뿐만 아니라 자식을 기르는 일도 사업이라고 생각하며 열심히 실행하기로 결심했다. 자식 사업의 성공은 아이의 꿈을 이루는 것이므로 내가 내 아이들의 꿈을 위해 일하는 매니지먼트 회사의 대표이자 매니저가 되는 것이다.

이름하여 꿈 매니저다. 아이들은 내 회사에 소속된, 미래 스타를 꿈꾸는 예비 연예인인 셈이다. 아이들이 자기 꿈을 향해 가는 길에 나는 함께 동행하여 응원해주며 지원한다. 아이들의 꿈이 즐겁게 지속되고 발전할 수 있도록 계속 동기부여를 해주고, 때로는 길잡이가 되어준다.

어떤 사람은 묻는다. 아이의 꿈이 변덕스레 달라지는데 어떻게 하느냐고. 아이의 꿈은 원래 계속 달라진다. 이것은 너무나 자연스러운 현상이다. 아이의 꿈이 달라지면 새로운 꿈을 향해 방향을 틀면 된다. 그리고 그 방향에 맞추어 다시 아이와 함께 손잡고 나아가면 된다.

준이도 어려서부터 꿈이 계속 변했다. 장난감 회사 사장부터 로봇 과학자, 축구 선수, 프로게이머, 개그맨까지…… 또 앞으로 어떻게 변할지 모른다. 아이가 꿈을 가질 때마다 꿈을 이룰 수 있는 길을 찾아서 수없이 방향을 바꾸고 많은 시도를 해왔다.

"매일매일 하루에 한 가지씩 시도하다 보면 반드시 진정한 꿈을 찾아서 이룰 수 있어!"

아이의 꿈이 무엇이든지 꿈을 향해 나아가는 길에서 아이가 외롭거나 힘들지 않고 행복하게 달려갈 수 있도록 든든한 버팀목이 되어주려고 노력한다.

꿈이 생기면 구체화하라

구체적으로 자식의 꿈을 어떻게 매니지먼트한다는 말인지 묻고 싶은 사람들이 있을 것이다. 아이에게 꿈이 생기면 그 꿈을 이룬다는 최종 목표를 향해 한 단계씩 나아갈 수 있도록 아이의 나이에 따라 기간별 목표를 정하고, 각 기간별로 경력이 될 만한 일들에 단계적으로 하나하나 도전하여 시도하는 것이다.

준이의 경우를 예로 들자면, 준이에게는 이루고 싶은 두 가지 꿈이 있다. 준이는 스무 살에 독립할 계획인데 그때 경제적으로도 완전히 독립하는 것이 첫 번째 꿈이다. 두 번째 꿈은 개그맨이자 예능 MC가 되는 것이다. 먼저 준이의 두 번째 꿈을 향한 최종 목표를 우리는 다음과 같이 구체화했다.

준이의 꿈을 위한 매니지먼트 사업 계획

기획사 이름 (주)빅드림엔터테인먼트(가칭)

공동 대표 준이, 엄마

기사, 매니저 엄마

의상, 메이크업 엄마

홍보팀 엄마

홍보 수단 인스타그램, 네이버 블로그, 유튜브

기획 준이, 엄마

투자 엄마(19세까지)

소속 아티스트, 스타 준이

주주 엄마 50퍼센트, 준이 50퍼센트의 지분

회사 목표 세계를 깜짝 놀라게 할 빅 스타 만들기

회사의 경제적 목표 빅드림엔터테인먼트 서울 사옥 신축하기 이렇게 최종 목표는 엉뚱하게 느껴질 만큼 높아도 좋다. 상상만으로도 기분 좋은 동기부여가 되기 때문이다. 꿈은 꾸는 대로 이루어지는 것이다.

아이의 스토리를 기록하고 브랜드력을 키워라

부모인 내가 기획사 사장이고 내 아이는 내 회사에 소속된 연예인 지망생이라면, 우리 기획사가 성공하기 위해 무엇을 해야 할까? 소속 연습생인 내 아이가 세상이 깜짝 놀랄 만한 재능을 선보여서 성공하도록 이끌어야 할 것이다.

보통 연예 기획사 연습생을 보면 어린 나이에 연습생으로 들어가서 강도 높은 훈련을 하고, 빠르면 고등학생 때쯤 데뷔한다. 이 방식을 대입해 보면 부모가 아이를 위해 무엇을 해야 하고, 아이에게 어떤 훈련을 시켜야 하는지 기간별·단계별 목표를 세울 수 있다.

그런데 여기서 잊지 말아야 할 것은, 성공적인 매니지먼트를 위한 키워드는 바로 '스토리'라는 점이다. 아이가 세상 어디에도 없는 '나만의 스토리'를 쓰도록 도와줘야 한다. 나만의 스토리는 유일무이하고 대체가 불가능해야 한다. 이때 꿈 매니저인 부모가 해야 하는 일이 아주 중요하다. 내 아이만의 스토리 방향이 잡혀서 아이가 그와 관련된 경험과 활동을 쌓아 가고 있다면 내 아이라는 브랜드의 성장 과정을 부모가 세세히 '기록'하고 세상에 널리 알려야 한다.

기록은 대단한 힘을 갖는다. 나는 내 사업 이야기와 육아 이야기를 블로그에 꾸준히 포스팅해왔다. 기록해두지 않으면 소중한 경험의 순간들이 금세 잊히고, 무엇보다 이런 기록들이 필요한 기회가 왔을 때 잡을 수가 없기 때문이다.

게다가 요즘은 누구든 쉽게 영상의 힘까지 더할 수 있는 세상이다. 자신만의 활동을 유튜브 영상으로 남겨두면 나의 존재와 재능을 자랑하기에 너무나 좋은 자료가 된다.

방송국이나 신문사에서 준이의 인터뷰를 요청해오면 나는 그동안 준이가 성장하고 발전한 과정을 기록한 내 블로그와 준이의 포트폴리오로 유튜브 채널 〈쭈니맨〉과 〈권준TV〉의 링크를 항상 보낸다. 그러면 많은 사람이 깜짝 놀란다. 이렇게 준이의 포트폴리오를 보여준 후 아이의 많은 재능 중에서 어떤 것을 주제로 잡으면 좋을지 내가 먼저 물어보면 더욱 놀라곤 한다.

"사실 방송에 끼가 있는 아이는 많지만 이렇게 포트폴리오를 바로 보내오는 경우는 잘 없는데 정말로 깜짝 놀랐습니다."

아이에 관한 기록이 꼼꼼히 정리되어 있어서 글과 영상을 통해 한눈에 쉽게 파악할 수 있기 때문이다. 이렇게 단 몇 분 만에 내 아이의 재능을 완벽하게 홍보할 수 있다. 사진이나 영상 자료를 따로 보낼 필요 없이 그 안에서 찾아서 사용할 수 있으므로 서로 편한 방법이기도 하다.

자식 사업은 하나의 사업체를 운영하는 것과 똑같다. 상품을 잘 만들어

그 스토리를 기록하고 브랜딩하여 세상에 널리 알리고 소비자에게 판매하는 것, 그리고 상품의 가치를 계속 업그레이드하면서 발전시키는 것이 아주 비슷하다.

우리가 한 기업의 주식을 매수하기 위해 그 회사를 분석하고 미래 가치를 예측하여 투자하는 것처럼, 나는 '권준'이라는 기업을 분석하여 미래 가치를 믿으면서 투자하고 있는 것이다. 지금 당장은 주식시장에 상장하지 못하더라도 괜찮다. 부모와 아이가 하나가 되어 환상의 호흡을 맞추며 손을 잡고 목표를 향해 뛴다면 아이라는 작은 기업은 점점 발전하여 규모가 커지고 가치가 높아져 곧 코스닥을 넘어서 코스피 시장으로 진출하게 될 것이다. 부모의 투자가 성공적이도록 계속해서 함께 발전해나가는 것이다. 코스피 시장 1등을 향해서.

앞에서도 말했지만, 준이가 단순히 코로나 공포장에서 어쩌다 주식 투자로 수익을 본 초등학생일 뿐이어서 아이의 성공이 단발성 반짝 관심의 대상으로 끝났다면 아마 이 책도 쓸 수 없었을 것이다. 어릴 적부터 꾸준히 해온 경제 공부라는 아이만의 탄탄한 스토리가 있었기에, 그리고 그 스토리를 글과 사진, 영상으로 오롯이 기록해뒀기에 기회가 왔을 때 잡을 수 있었고, 이제 아이는 세상으로 훨훨 날아갈 준비가 된 것이다.

앞으로의 세상에서는 이력서가 없어질 것이다. 블로그, SNS, 유튜브 등이 곧 나를 표현할 것이기 때문이다. 내 아이를 성공시키고 싶다면 아이 자신만의 스토리를 계발하고 기록하여 세상에 하나뿐인 포트폴리오를 만들어보자. 내 아이의 포트폴리오를 찾아보고 많은 기업에서 제발 같이 일하자고 스카우트 제의를 하게 만드는 것이 꿈 매니저인 부모가 해야 할 역할이라고 생각한다. 부모가 먼저 아이에 대해 기록하고 브랜드화하여 온 세상에서 제발 함께해달라고 '러브 콜'을 보내는 최고의 아이로 키워 보자.

나이별 경제적 목표를 설정하라

경제적 독립이라는 첫 번째 꿈을 위해서 준이와 함께 나이에 따라 기간별 목표를 다음과 같이 단계적으로 세웠다.

준이의 자산 형성 목표 금액

13세 3,000만 원

14세 현재 6,000만 원 이상

16세에 중학교를 졸업할 때 1억 원

19세에 고등학교를 졸업할 때 2억 원

20세 사회에 나가서 본격적으로 자신의 꿈과 목표를 이루기!

이런 경제적 목표를 처음에 세울 때는 너무 무리한 일이 아닐까 싶었지만, 그에 따라 하나하나 실행하고 현재까지 달성하다 보니 앞으로도 큰

무리 없이 가능하겠다는 생각이 들 정도가 되었다.

내가 옆에서 함께 지켜본 결과, 돈을 벌고 모으기에는 아이들에게 시기적으로 아주 장점이 많아 보인다. 우선 부모의 집에서 함께 살기에 집세나 공과금을 전혀 걱정하지 않아도 되고, 부모가 먹여주고 재워주니 자신은 돈을 쓸 일이 좀처럼 없다. 무엇보다 신용카드나 대출이 없기에 그야말로 돈을 벌어들이는 대로 100퍼센트 마음 편히 모을 수 있다. 즉 돈 버는 것에 어린 나이는 큰 장애물이 되지 않는다.

돈을 벌고 모아서 시드 머니를 만들었다면 이제 돈 굴리기에 들어간다. 시드 머니를 위험하지 않게 잘만 운용한다면 어른인 우리보다 자산을 더 빨리 탄탄하게 형성할 수 있고, 또 훗날에는 그동안 습득한 재테크 기술로 큰 부자가 될 확률이 훨씬 높다.

얼마 전, 준이는 소득세 신고에 관한 세무 상담을 받았다. 열네 살에 자산 6,000만 원을 달성했다. 다양한 수입 파이프라인으로 돈이 돈을 버는 시스템이 자리를 잡으면서 준이의 자산이 빠르게 불어난 덕분이다.

소득세 신고를 위하여 세금에 대한 기초적 내용은 내가 직접 알려줬다. 그리고 세무 전문가를 찾아가 직접 구체적인 상담을 받게 하는 것으로 마무리한다. 세무사 사무소 역시 어릴 때부터 준이가 엄마의 손을 잡고 따라다녔던 곳이라 본인이 직접 상담할 때도 낯설어하지 않고 자연스러웠다. 열네 살에 스스로 소득을 발생시키고 세금 신고를 하겠다고 상담하러 온 최연소 고객이라면서 세무사 대표가 아주 기특해했다.

성공적인 자식 사업을 위한 골든 타임

부모인 나의 능력이 뛰어나서 큰 부를 이루었다고 해도 자식 사업을 잘못 한다면 모든 것이 한순간에 사라질 수 있다. 부모가 평생 모은 재산을 증여하거나 상속할 때 그에 따른 세금만 40~50퍼센트에 이른다. 부모가 애면글면 일구어 넘겨준 재산의 반을 세금으로 내야 하는 것이다.

그렇다면 아이에게 부를 물려주는 것이 과연 정답일까? 돈이나 재산을 물려주기보다는 아이 스스로 자신을 계발하고 성공하여 부자가 되는 방법을 알려주는 편이 더욱 현명하지 않을까?

아이는 아직 뇌가 말랑말랑 유연하여 일상생활 속에서 필요한 경제 공부를 시키면 스펀지처럼 잘 흡수한다. 생각의 틀이 굳어서 자기 고집이 확고한 어른보다 훨씬 빨리 적극적으로 받아들이기에 아이에게는 무한한 성장 가능성이 있다.

그 시작은 아주 간단하다. 여러 번 얘기했듯이 아이에게 물려줄 재산을 축적하기 위해서가 아니라 현재 생활을 탄탄하게 다지고 부모 자신의 든든한 노후를 준비하기 위해 부모가 경제활동을 하는 과정을, 아이의 손을 잡고 함께 다니며 보여주고 참여시키는 것이다.

나는 내 일터는 물론이고 다른 경제활동 현장에도 아이들을 데리고 다닌다. 아이에게는 자연스러운 경제 공부가 되기 때문이다. 집으로 돌아와서는 오늘 무엇을 배우고 느꼈는지를 물어보고 그날의 경제활동을 중심으로 너라면 어떻게 하겠는지 아이의 의견도 들어본다.

어릴 때 재테크를 실행하는 아이는 커서 부자가 될 수밖에 없다. 아이가 스무 살이 되어 성인으로 세상에 나간들 그때 돈을 벌고 굴리는 방법을 누가 거저 가르쳐주지 않는다. 돈 공부는 어릴 때 하루라도 빨리 부모가 집에서 시켜야 한다.

그러나 우리가 맞닥뜨린 현실에서 이것이 쉽지 않다. 우리 아이들은 대부분 열아홉 살에 고등학교를 졸업할 때까지 학원에 다니며 국영수 중심의 교과목을 암기하는 등 책상 앞에서 좋은 대학에 들어가기 위한 입시 전쟁을 치르느라 경제 재태크는 생각도 못 한다. 그렇게 대학에 올라가서도 취업 준비를 위해 또다시 각종 학원을 섭렵하느라 정신없어진다.

따라서 부모가 품속에서 키우는 20년이라는 시간이 아이의 세상 공부, 경제 공부, 돈 공부를 위해 정말 중요한 골든 타임이다. 이 시간 동안 대학 입시와 사교육에만 매달린다는 건 정작 가장 중요한 것을 놓치는 선택일지 모른다. 부모의 재테크 및 노후 준비 현장을 보고 배우도록 직접 경험시키면 아이는 스스로 자기 미래를 경제적으로 탄탄하게 준비할 수 있다.

대학은 아이의 성공을 보장하지 않는다

아이는 사교육을 받느라 시간이 없고, 부모는 사교육비를 대느라 허리가 휘는 게 우리 현실이다. 부모는 아이에게 끝없이 들어가는 각종 교육비 때문에 노후 준비는 꿈도 꾸지 못하고, 아이는 이런저런 학원으로 제 등을 떠미는 부모 때문에 미래에 자신이 진정 하고 싶은 일이 무엇인지 꿈꿀 시간도, 스스로 자기 재능을 발견해 키울 시간도 부족하다.

지금은 대학이 성공을 보장하지 않는 시대다. 세상이 변했기 때문이다. 우리 시대의 아이한테는 부모가 강요하는 사교육 시간이 아니라 자신만의 시간이 절박하게 필요하다. 자기 계발을 위한 시간 말이다. 교과 공부는 학교에서 모두 끝내고, 하교 후에는 교과와 상관없이 온전히 자신만의 시간을 내어서 스스로를 탐색하고 자기 자신과 대화할 수 있어야 한다. 그렇게 자아를 발견하고 계속 발전시킬 수 있는 시도와 도전을 다채롭게 해나갈 수 있어야 한다.

그리고 자유롭게, 되도록 많은 상상을 해야 한다. 미래를 상상하면서 미래의 내가 무슨 일로 즐겁게 잘 먹고살 수 있을지 계속 찾아야 한다. 정답은 아무도 모른다. 세상에는 정답이 없기도 하다. 바로 내일 당장 무슨 일이 벌어질지 아무도 모른다. 그저 각자가 남들에게 휩쓸려 따라 하는 공부나 부모가 시키는 공부 말고, 자신을 위한 진정한 공부로 하나하나 시도하며 자기만의 길을 찾아나가야 한다.

아무도 앞날을 알 수 없으므로 캄캄한 미래는 그래서 기회가 곳곳에 숨어 있는 시간이기도 하다. 위기가 누군가에게는 기회가 되기도 한다. 갑작스러운 코로나 팬데믹으로 세계경제가 휘청거리고 주가가 폭락했으며, 나는 사업장의 문을 닫아야 했고 아이들은 학교에도 가지 못했지만, 오히려 그런 시기에 준이같이 기회를 잡은 사람들이 있는 것처럼 말이다.

준이는 주가 폭락장에서 기회를 엿보고 투자해서 큰돈을 벌었으며, 학교에 가지 못하는 동안 유튜브에 집중하여 세계 언론에 오르내리게 됐다. 내가 사업장의 문을 제대로 열지 못하여 전전긍긍하자 생각의 전환을 통해 오프라인 말고도 스마트스토어에서 온라인으로 상품을 파는 일까지 시도해서 상당한 성과를 거두었다.

그것을 떠올려보면, 준이에게 대학은 그저 자기 꿈으로 향하는 수많은 과정 중 하나일 뿐이다. 꿈을 이루는 데 꼭 필요하다면 가겠지만, 필요하지 않다고 판단되면 굳이 가지 않을 수도 있는 곳이 대학이다. 준이는 대학이나 대기업에 들어가기 위해 들일 사교육비를 자신에게 달라고 한다. 그 돈을 모으고 다양한 투자를 통한 재테크로 불려서 훗날 자신의 창업자금으로 쓰겠다는 것이다. 급변하는 시대 속에서 나는 뭐라 반박할 수가 없다.

돈은 의미 있게 써야 그 보람이 돌아온다

준이가 스마트스토어에서 판매한 제주 흑돼지고기 수익금이 통장에 조금씩 모이기 시작했다. 오랜 시간 동안 많은 시행착오를 겪으며 노력 끝에 얻은 성과다. 생각지도 못하게 많은 금액을 벌었다며 준이는 신나 했다.

그즈음 우리는 마주 앉아서 이 수익금을 어떻게 쓰면 더 행복할까를 두고 많은 이야기를 나눴다. 열네 살 아이가 벌어들이는 월수입이 주식과 스마트스토어만으로도 수백만 원에 이르렀기에 감사하는 마음으로 세상에 나눔질하자는 의견이 나왔고, 우리는 지난해 마지막 날인 2020년 12월 31일에 기부하기로 결심했다.

그런데 그날 갑자기 폭설이 쏟아져 도로가 꽁꽁 얼어버렸다. 창밖을 내다보면서 오늘 기부하러 갈 수 있을까 싶어서 걱정스러웠다. 우리를 보고 남편이 믿음직하게 말했다.

"걱정하지 마. 아빠가 눈길 운전도 잘하잖아."

그렇게 우리는 남편이 운전하는 차를 타고서 무사히 초록우산 어린이재단에 갈 수 있었다. 눈이 많이 내리는데도 잘 찾아왔다면서 어린이재단의 본부장님과 과장님이 반겨줬다. 준이는 돼지고기를 판 수익금을 모아서 첫 기부를 했다. '사랑의 돼지고기'를 제주도 보육 기관에 기부하는 것이었다. 그 역사적인 순간도 나는 사진과 영상으로 열심히 기록했다.

집으로 돌아오는 길, 준이는 너무 뿌듯하고 행복하다며 얼굴에 미소가 가득했다.

더없이 감사하게도 그렇게 기부한 시점부터 준이는 더 유명해졌다. 아무래도 자신이 기부해서 좋은 일이 생긴 것 같다면서 앞으로도 열심히 벌어서 세상에 따뜻한 나눔을 계속하겠다고 한다. 〈쭈니맨〉이 구독자 1만 명을 돌파하면 다시 기부하겠다고 다짐했는데 이 바람도 곧 이루어져 두 번째 기부 약속도 지킬 수 있었다.

두 번째 기부는 준이에게 또 다른 의미가 있었다. 준이는 기부하는 자리에서 눈물을 보이기까지 했다. 여덟 살에 유튜브를 시작해 6년 만에 얻은 유튜브 첫 수익금이었기 때문이다. 정말 오랜 시간 열심히 뛰고 구르며 얻어낸 귀중한 돈이다. 준이는 이 첫 수익금 전부와 〈주니와우몰〉의 돼지고기 판매 수익금을 모아서 두 번째 나눔을 했다.

동생 역시 이런 오빠의 모습을 지켜보더니 자신도 기부하겠다고 따라나섰다. 그동안 용돈을 모으고 카페에서 커피를 만들어 판매하고 홈 알바로 살찌운 소중한 돼지 저금통을 들고 오빠를 따라가서 함께 기부하고 돌아왔다.

돈은 벌고 모으는 것도 중요하지만 어떻게 쓰느냐가 더 중요하다는 것을 아이들이 몸소 체험한 의미 있는 시간이었다.

꿈을 이루어주는 선순환 매니지먼트 시스템

지금까지 얘기한 것을 요약하면 다음과 같다. 우리는 아이의 꿈을 이루기 위한 시스템을 이렇게 완성했다.

1. 꿈의 최종 목표, 기간별 작은 목표들을 단계별로 설정하기
2. 각 단계별 목표를 이루기 위해 하루 한 가지 이상 시도하고 도전하기
3. 크든 작든 자기 성과에 대한 성취감을 만끽하며 자존감을 높이기
4. 성과가 부진하더라도 자신이 발전하는 중임을 믿고서 꾸준히 노력하기
5. 눈에 보이는 결과물들을 수시로 확인하면서 생산적·발전적으로 진행하기(쌓이는 통장 잔고, 꽉 채워지는 활동 경력 등)
6. 단계별 목표를 달성하면 부모의 칭찬과 함께 다음 단계별 목표로 나아가기
7. 최종 목표를 향해 단계별 목표를 어떻게 달성해가고 있는지 글과 사진, 영상으로 매일매일의 시도와 도전을 기록하기
8. 최종 목표로 나아가는 과정을 즐기며 작은 목표를 이룰 때마다 기부 등 의미 있는 일을 하기
9. 열심히 번 돈뿐만 아니라 작은 성취감, 스스로 발견한 자기 재능도

계속 모으고 불리며 점점 크게 만들어가기
10. 이 모든 과정을 프로그램화하여 계속 반복하기

이 과정을 프로그램화하여 아이의 머릿속에 세팅해두면 그 이후부터는 자동으로 선순환한다. 꿈 매니지먼트 시스템에 어떤 문제가 생기면 바로바로 꿈 매니저인 부모가 나서서 수정해준다. 이때 문제 해결을 위한 가장 좋은 방법은 아이와의 충분한 대화다.

어릴 때부터 이런 시스템을 구축해둔다면 누구보다 빠르고 즐겁게 꿈을 향하여 달려갈 수 있지 않을까. 물론 이건 어디까지나 나와 준이의 개인적인 생각과 경험을 토대로 정리한 것이다. 우리는 이런 방식으로 성공했음을 보여주는 한 예일 뿐이다. 각자 자신의 형편과 상황에 맞게 적용하여 꿈을 설정하고 세부적인 목표를 세워서 실천해가면 좋을 것이다.

일하는 엄마가 아이의 꿈을 응원하는 방법

엄마는 엄마의 일을, 아이는 아이의 일을

일하는 엄마들은 보통 아이에게 미안한 마음을 갖는다. 일하느라, 살림하느라 시간이 턱없이 모자라기 때문에 아이를 따라다니면서 살뜰하게 챙겨주는 등 사랑을 듬뿍 표현하지 못하다 보니 바쁜 와중에 미안함까지 느끼게 된다.

바쁜 엄마 때문에 준이도 초등학교에 다니면서 좀 속상했을 것이다. 학교를 오갈 때 스쿨버스를 타야 해서 방과 후 활동을 많이 하지 못했다. 오케스트라 활동을 하지 못한 것을 특히 안타까워했다. 준이가 다닌 초등학교는 추첨을 통해 입학할 수 있는 학교여서 다행스럽게 추첨된 것까지는 좋았지만, 집에서 거리가 먼지라 스쿨버스로 다닐 수밖에 없었다. 방과 후 프로그램을 이용하는 친구들은 스쿨버스 운행 시간을 맞추지 못하여 부모의 차로 움직이는 경우가 많았다.

나는 바빠서 학교에도 잘 찾아가지 못하고, 학부모 활동에도 전혀 참여하지 못하다 보니 아는 학부모가 별로 없었다. 당연히 학교나 학원에 대한 정보도 거의 공유해주지 않았다. 그런 상황이어서 나는 서로를 위하여 준이에게 더욱 자립을 가르쳐야 했다.

"준아, 엄마는 엄마의 일을 열심히 할 테니 우리 준이는 준이의 일을 열심히 하자. 서로 각자 멋지게 해내는 거야. 만약 학교에서 무슨 일이 생겨도 네 일이니까 스스로 해결해야 해. 사실 그런 문제는 안 생기게 하는 것이 가장 좋아. 엄마는 준이를 믿어. 잘할 수 있지?"

내가 사업에 한창 매달리던 때라서 지금 돌아봐도 야속하게 들릴 만큼 아이한테 항상 자립을 강조했다.

아이의 문제는 스스로 해결하도록 믿어주기

"세상을 살아가다 보면 수많은 일이 생기고 아주 힘들어지기도 해. 그럴 때는 게임이라고 생각해봐. 나에게 닥친 현실은 게임에서 주인공인 내가 물리쳐야 할 장애물이고, 내가 이 역경만 이겨낸다면 이번 미션을 성공적으로 통과하여 다음 미션으로 넘어가는 거지. 인생은 고난의 연속이지만, 그런 상황을 너무 심각하게 받아들이지 말고 네가 좋아하는 인생이라는 게임을 한 판 한 판 깨는 중이라고 생각하면 돼. 그냥 게임이니까 고통의 순간도 즐겨. 고생 뒤에 오는 결실은 아주 달거든."

나는 언제나 문제 해결 능력이 무엇보다 중요하다고 생각해왔다. 크고 작은 문제 앞에서 우리는 그런 문제들을 해결하기 위해 하루에도 수백 번씩 선택의 기로에 놓인다. 일상은 그같이 크고 작은 선택의 연속이고, 길게 보면 인생은 중요한 선택 몇 번이 아니라 그런 무수한 선택들로 만들어진다. 지금 닥친 일도, 그게 당장은 나에게 좌절과 절망을 안기는 일일지라도 인생에서 결정적인 중대 문제가 아니라 그냥 내가 거쳐야 하는, 지금까지처럼 내가 해결할 수 있는 수많은 문제 중 하나에 불과하다는 것을 어린 아들에게 알려주고 싶었다.

학교에서 아이들 사이에 크고 작은 문제들이 생길 때마다 부모가 달려간다면 아이는 문제 해결 훈련을 할 기회를 잃는다. 이 또한 부모가 평생 아이의 뒤꽁무니를 따라다니며 대신 해결해줄 작정이라면 몰라도, 그렇지 않다면 자기 문제는 스스로 해결하는 방법을 일찌감치 배울 수 있도록 아이가 힘들어 보여도 아이의 역량을 믿고서 응원하며 내버려두자. 스스로 한두 번 해결해나가다 보면 아이는 자신감을 느끼게 되고, 점점 더 큰 문제들에도 현명하게 대처할 수 있을 것이다.

부모의 문제 해결 과정에 아이를 참여시켜라

부모인 나도 여전히 매일매일 난감한 고난과 시련에 맞닥뜨린다. 여러 사업체를 동시에 운영하다 보니 각종 사건과 사고가 끊이지 않아서 이제는 그런 문제들을 신속하게 해결하는 게 일상이 되어버렸어도 말이다.

나는 집안에 암담한 문제가 생기면 모든 내용을 아이들과 공유한다. 살다 보면 말도 안 되는 일들이 벌어지곤 하는데 그때마다 우리 가족은 아이들까지 모여 앉아서 회의를 하며 다양한 의견을 내고 전문가에게 조언을 구하여 결국 그 문제를 잘 해결해내고야 만다.

부모의 사업이 흔들려서 집안 경제가 무너지고 있는데 "너는 걱정 하나도 하지 말고 공부만 하면 돼. 좋은 대학에 들어가야 성공하지"같이 고리타분한 말만 하는 것은 누구에게도 도움이 되지 않는다. 가족에게 닥친 현실적 문제를 아이한테 솔직하게 알리고, 결국은 부모가 해결할지라도 함께 고민하는 과정에 참여시키고 어떻게 해결해나가는지 생생하게 보여주자.

이렇게 부모를 통한 간접경험들은 아이를 반복적으로 단련시켜 훗날 세상에서 홀로서기를 할 때 어떤 고난이나 시련 앞에서도 좌절하거나 절망하지 않고 흔들림 없이 해결해나가는 마음 근육을 키워준다. 그 과정에서 단단해진 세상에 대한 안목으로 문제 해결 과정의 시행착오를 줄여주는 것은 물론이다.

지금 부모인 나에게 고난과 시련이 찾아왔다면 그것은 아이의 마음 근육과 문제 해결 능력을 키우고 세상에 대한 안목을 기를 수 있는 절호의 기회다. 이 기회를 절대 놓치지 말자.

부모가 뿌리는 말은 어마어마한 씨가 된다

아이를 키우는 일은 나에게 가장 중요한 사업이다. 다만 다른 사업들도 병행하는 엄마로서 턱없이 부족한 시간을 경제적으로 쓰는 것이 무엇보다 필요하다.

그래서 아이의 자립성을 키우는 외에도 내가 선택한 방법은 짧은 시간에 아이의 입장에서 깊이 공감하며 소통하고 응원하는 대화법이다. 나는 이 대화법을 통해 열네 살 사춘기 소년인 준이와도 많은 대화를 즐겁게 나누며 정말 좋은 사이를 유지하고 있다.

우선 아이의 마음에 빙의하는 것으로 시작한다. 준이의 나이인 열네 살에 내 마음은 어땠는지 그 시절의 어린 나로 돌아가는 것이다. 그러고 나서 아이의 모든 이야기를 또래의 입장에서 귀 기울이고 생각하고 공감하며 대화한다. 아이의 눈과 표정을 살피며 지금 어떤 마음일까 헤아려서 그 마음이 되어보려고 노력한다. 그 결과, 우리는 진짜 친구처럼 시시콜

콜한 이야기부터 꽤나 진지하고 비밀스러운 이야기까지 스스럼없이 나눈다.

아이가 엉뚱한 이야기를 하고 상상의 나래를 펼치며 눈을 반짝반짝 빛내는 순간이 있다. 그럴 때 부모가 자기 말에 집중하여 경청해주면 아이는 신이 나서 더욱더 기발한 생각을 자유롭게 쏟아놓는다. 아이의 이야기가 아무리 어처구니없어도 긍정적으로 마음의 문을 활짝 열고서 웃는 얼굴로 두 눈을 크게 뜨고 아이의 눈을 바라보며 고개를 끄덕이는 등 적절한 리액션을 더하여 밝은 목소리로 반응해준다.

"우와, 정말 대단한데! 그런 엄청난 생각을 했어? 엄마는 지금 깜짝 놀랐어. 우리 진짜로 그렇게 한번 해볼까?"

준이는 내가 일하는 시간에도 수시로 전화하여 자신의 생각과 아이디어를 마구마구 쏟아낸다. 그러면 나는 하던 일을 잠시 멈춘 채 같이 흥분된 목소리로 맞장구를 치며 대단하다고 호들갑스럽게 느껴질 정도로 칭찬한다. 이렇게 하는 데는 잠깐이면 충분하다. 부모가 잠깐 시간을 내는 것으로도 아이는 세상에 자신을 든든하게 밀어주는 지원군이 있다는 것을 새삼 확인하면서 자신감을 가지고 모든 일을 처리할 수 있다.

아이의 엉뚱한 상상력은 세상을 바꾸는 엄청난 자원이 된다. 자신이 하고 싶은 일에 대해 아이가 자유롭게 얘기할 때 경청하는 것도 중요하지만, 실제로 아이가 실행할 수 있도록 부모가 뒤에서 도와주는 것 역시 중요하다. 실행 결과가 좋지 않더라도 분명 아이는 그 과정에서 많은 것을 느끼고 배울 수 있다.

그래서 나는 당장의 결과에 실망하여 아이가 쉽게 포기하지 않도록, 부모가 항상 함께하고 있음을 느끼도록 열심히 응원한다.

"아이고, 그런 일이 있었구나. 힘들었겠네. 엄마가 너라면 이렇게 했을 것 같아. 힘내. 엄마가 도와줄 일이 있으면 언제든지 말하고. 엄마는 항상 네 편이야, 알지?"

그러면 준이는 가끔 이렇게 말한다.

"그럼요, 잘 알죠. 엄마가 내 엄마여서 너무 좋아요."

부모는 아이에게 세상의 전부다. 부모가 믿어주면 아이는 어디에서든 넘치는 자신감으로 세상을 깜짝 놀라게 할 일을 해낼 수 있다. 나는 아이의 놀라운 발전과 밝은 미래를 믿는다.

"준아, 너는 세상을 깜짝 놀라게 만들 거야. 너는 정말 대단한 아이야."

"엄마는 알아. 내가 너를 낳았으니까 너를 제일 잘 알지. 너는 정말 대단해. 너는 잘될 수밖에 없어. 왜냐하면 네가 엄마 배 속에 있을 때부터 그렇게 되도록 정성을 다해 하나하나 특별하게 만들었거든."

나는 이 말을 준이가 아주 어렸을 때부터 지금까지 날마다 들려주고 있다. 이런 말을 자꾸 들려주면 아이는 정말 특별해진다.

아이가 학원에서 쫓겨났을 때 나는 아이를 칭찬했다.

"그래, 이다음에 정말로 크게 될 아이인데 네가 어떻게 평범하겠니? 우리 아들이 최고야."

부모의 이런 말은 마법의 주문이 되었다. 이런 마법의 주문을 매일 듣고 자란 준이는 하루에 두세 번씩 인터뷰를 하고 외신에서 찾아왔을 때 너무나 차분하고 당당했다. 마치 이런 날이 오리라는 것을 미리 알고서 준비한 아이 같았다.

아이가 세상을 어떻게 바라보고 무슨 일을 할지는 부모의 공감적 경청과 긍정적 관점, 그리고 아이를 신뢰하는 응원이 좌우한다. 말이 씨가 된다니, 부모가 뿌리는 좋은 말은 얼마나 좋은 씨가 될까!

열한 살 때 제주방송국
먹방 프로그램에 초대받아
촬영하는 모습

KBS 〈한밤의 시사토크 더 라이브〉에서
어린이 경제 특강을 하는 중

흑돼지고기 판매 수익금과
유튜브 채널 운영 6년 만에
얻어낸 첫 수익금으로 기부 릴레이

엄마와 함께 하는
유튜브 기획하기

Chapter 5

성적보다 상상력이 아이를 부자로 만든다

N잡러 아이에게는 자유 시간이 필수

아이가 학원에서 쫓겨났다

어릴 때 준이가 어른들에게 가장 많이 들었던 말은 바로 이것이다.

"너는 왜 가만있지를 못하니?"

아무튼 엄청 까불었다. 한번은 국영수 과외 강사를 연결해주는 학습 상담 선생님이 우리 집에 방문한 적이 있다. 준이와 먼저 10분쯤 상담하고 나서 선생님이 나에게 예상치 못한 이야기를 했다.

"어머님, 준이는 ADHD주의력결핍 과잉행동장애 검사를 받아보는 편이 좋겠어요."

상담 선생님의 조언이 맞는 말일 수도 있다. 그러나 그런 놀라운 이야기를 너무 쉽게 하는 것은 아닌가 싶었다. 마치 얌전하고 차분한 아이 외에는 다 문제가 있는 아이라는 말처럼 들렸다. 그렇게 과외도 포기해야 했다.

사실 준이가 사교육을 한 번도 받지 않았던 것은 아니다. 아이의 적성을 찾기 위해 다른 부모들이 그러는 것처럼 나도 아이에게 여러 가지를 시켰다. 피아노, 미술, 태권도, 수영 등 보통의 아이들이 배우러 다니는 이런저런 학원에 죄다 보냈다.

일고여덟 살 때까지는 엄마가 시키는 대로 곧잘 여러 학원에 다니던 아이가 아홉 살이 되니까 조금씩 달라지기 시작했다. 학원 선생님들이 집으로 전화하기 시작했다.

"어머님, 정말 죄송한 말씀이지만 준이를 그만 보내시는 건 어떨까요?"

친구들은 웃고 선생님은 울고

"왜요? 준이한테 무슨 문제가 있었나요?"

"준이 때문에 전체 학습이 방해를 받아서요."

교과목 학원 선생님까지 그렇게 얘기했다. 이런 일이 서너 차례 반복됐다. 준이가 장난을 너무 친다는 것이었다. 선생님의 질문에 대답도 웃기게 해서 다른 아이들의 관심을 다 끌어모으는 터라 제대로 수업을 진행하기가 힘들다고 했다. 아파트 공부방에 보냈더니 거기서도 쫓겨났다. 고3 수험생들까지 있는 곳이어서 '형아'들의 공부에 방해되니 제발 보내지 말아달라고 나에게 사정했다.

준이가 교과목 학원에서 세 번째로 잘릴 때는 너무 죄송한 마음에 학원으로 찾아가지 않을 수 없을 지경이었다.

"찰스가 집에 와서 너무 속상하다며 울었어."

준이의 영어 선생님이자 내 친구의 남편인 찰스는 외국인이었다. 준이가 교실에 들어서면 친구들이 준이와 놀고 싶어 하기만 해서 학습 분위기가 어수선해진다는 것이었다. 게다가 준이의 장난기가 그런 분위기를 더더욱 부채질해버려서 찰스가 도저히 수업을 못 하겠다고, 어떻게 해야 좋을지 당혹스러워죽겠다며 눈물을 보였다니…… 울 수도, 웃을 수도 없었다.

그런 상황인데도 중학교 입학을 앞두고 은근히 걱정되는 것은 어쩔 수 없어서 다시 준이를 학원에 보내봤다. 마음 같아서는 수학과 영어 학원만큼은 꼭 보내고 싶었는데 학원에 다닌 지 채 한 달이 되기도 전에 준이는 학원에 가지 말아야 할 이유를 조목조목 열심히 설명했다.

"엄마, 한 달 학원비가 도대체 얼마인가요? 그 돈을 그냥 저한테 주시면 안 될까요? 제가 더 불려서 큰돈으로 만들게요. 돈도, 시간도 너무 아까워요. 그 시간에 돼지고기를 더 팔고 유튜브 영상을 촬영하면서 저만의 자기 계발을 할게요."

이런 아이를 억지로 학원에 보내는 것은 진짜로 돈과 시간만 버리는 일로 보였다. 나는 별수 없이 당분간 아이를 쉬게 해야겠다고 학원에 연락했다.

학원에 가지 않는 대신 아이가 하는 일

학원에서는 산만하다고 쫓겨난 준이가 방송국에서는 칭찬을 많이 받았다. 교사들의 눈에는 까부는 것으로 보이던 기질들이 피디들의 눈에는 흥이 넘치는 끼로 보인 것이다.

이렇듯 어떤 환경이 주어지느냐에 따라 아이의 단점은 놀라운 장점이 될 수 있다. 아이들을 네모반듯한 학교의 네모반듯한 교실에 가둬놓고 책상 앞에 본드로 붙여놓은 듯 앉혀서 글자와 숫자 중심으로 공부시키는 교육도 좀 달라져야 한다고 생각한다.

열네 살 사춘기에 제대로 들어선 준이가 며칠 전에 내 손을 꼭 잡고 이렇게 말했다.

"엄마, 요즘 저는 정말 행복해요. 그리고 저를 믿어줘서 고마워요."

요즘 아이는 학교에서도 집에서도 아주 행복하단다. 사교육을 전혀 받지 않게 된 아이의 하루 일과는 자신이 하고 싶은 일들로 알차게 채워진다. 그런 자기 생활에 스스로 아주 만족스러워하고 있다.

학교 공부는 수업 시간에 최대한 집중해서 다 끝내버리고, 쉬는 시간

및 점심시간이나 방과 후에는 친구들과 새롭게 빠져든 농구를 신나게 한다. 또한 반장이기에 선생님을 도와서 학급 분위기를 좋게 이끄는 일에도 많은 신경을 쓴다.

학교에서 집으로 돌아오면 혼자서 자유 시간을 갖는다. 평소 좋아하는 음악도 듣고, 맛있는 음식도 요리해 먹고, 침대에 누워서 책도 본다. 스마트스토어 판매자 페이지에 들어가서 돼지고기 판매량을 살피고 주문서를 작성하면서 신제품이나 새로운 판매법도 연구한다. 다른 사람들의 유튜브 채널을 찾아보면서 〈쭈니맨〉과 〈권준TV〉의 새로운 주제를 구상하고 관련 자료를 찾아서 원고도 만든다. 물론 이것은 유튜브 영상 촬영과 편집으로도 이어진다.

그러고 나서 학원 공부를 마치고 돌아온 친구들이 카카오톡을 보내오면 온라인으로 만나서 신나게 게임을 즐긴다. 게임을 잘하고 싶다는 아이의 요청으로 프로게이머 선생님을 구해줬다. 일주일에 한 번씩 온라인으로 3시간 동안 일대일 게임 과외를 받는다. 자신의 게임 플레이를 직접 지켜보면서 요긴한 기술을 알려주고 발전적인 조언을 아끼지 않기에 큰 도움이 된다고 아이는 좋아한다.

이 책을 읽다가 프로게이머 선생님까지 구해준 데 의아해할 부모가 많으리라는 생각이 든다. 준이가 게임을 잘하고 싶어 하는 것은 단순히 게임에서 상대 플레이어를 이기기 위함이 아니었기 때문이다.

어느 날 아이가 새 꿈이 생겼다며 말했다.

"엄마, 프로게이머가 되고 싶어요."

"그래? 왜?"

"제가 게임을 좋아하잖아요. 제가 알아봤는데 프로게이머가 되면 돈도 아주 많이 번대요."

"그래? 네가 좋아하는 게임을 하면서 돈도 많이 벌고 싶구나? 아주 좋은 생각인데. 그렇다면 게임을 직접 만들어보는 건 어때? 너처럼 게임을 좋아하는 세계의 친구들도 행복하게 해주고 훨씬 큰돈도 벌 수 있어. 게임 하나만 잘 만들어도 엄청나게 성공할 수 있는데, 어때?"

"오, 더 좋은 생각인데요. 그럼 제가 게임을 만들어볼게요. 저는 게임 회사 회장이 될 거예요."

"그래, 아주 훌륭해. 잘 생각했어. 엄마가 열심히 응원할게. 필요한 게 있으면 언제든지 얘기해."

"네, 엄마. 그럼 프로게이머 선생님을 붙여주세요. 제가 게임을 잘하고 많이 알아야 더 멋진 게임을 만들 수 있죠."

"좋아, 아주 좋은 생각이야."

이렇게 아이의 생각을 더욱 생산적으로 전환해줬고, 아이는 자신이 원하는 게임을 하며 게임 수업도 받고 꿈도 더 크게 가지게 됐다.

나는 아이의 모든 꿈을 지지한다. 그리고 그 꿈을 이루는 방식은 꿈마다 달라져야 한다. 학원이 아이들의 모든 꿈을 위한 통로일 수 없는 것이다.

잠깐 이야기가 옆길로 샜는데, 아무튼 이렇듯 열네 살 N잡러 준이의 하루 일과는 여유롭지만 상당히 알차고 실속이 있다. 준이처럼 하교 후 나머지 시간이 자유로운 개인 시간으로 주어져야 그 시간을 즐기면서 주식도 하고, 유튜브 방송도 하고, 자기 사업도 하고, 아르바이트도 하고, 게임도 할 수 있다. 학원만 안 가도 이렇게나 많은 일을 할 수 있는 시간이 나는 것이다.

여든까지 가는 것은 성적보다 돈 버는 버릇

대학은 무조건 가야 할까?

"어떻게 준이한테 그런 스펙을 쌓아줄 생각을 하신 거죠? 하버드대나 아이비리그에 가는 데 유리하다는 것을 알고서 세우신 계획인가요?"

아이의 대학 진학 정보에 빠삭한 사람들이 이렇게 질문하곤 했다.

국내의 많은 언론사뿐만 아니라 외신인 로이터통신과 BBC가 보도한 준이의 경력, 그리고 이외의 많은 인터뷰와 방송 활동 등이 대학 입시 자료로 쓰일 수 있다는 것을 알고는 정말이지 놀랐다. 제주도에서 하버드대라니.

"하버드대는 성적도 중요하지만 자신만의 인생 스토리가 있는 학생을 선택합니다"라고 어느 하버드대 입학사정관이 말해줬던 게 생각났다. 거기에 준이가 해당된다고 생각해주니 정말 감사한 일이다.

그런데 중요한 점은 준이는 대학이 중대한 목표가 아니라는 것이다. 나는 준이가 어릴 때 흔한 학습지도 시키지 않았다. 아이가 학원에서 쫓겨나도 대수롭지 않게 생각했다(아이의 공부에 대한 걱정보다 아이 때문에 곤란했을 학원 선생님에 대한 죄송함이 컸다). 내가 학생일 때 공부를 왜 해야 하는지 몰라 책상 앞에서 고독했기 때문에 아이에게 스스로 공부해야 할 목적이 생기기 전까지는 억지로 시키고 싶은 마음이 없다. 나는 준이를 대학에 안 보낼 수도 있다고 생각한다. 대학은 아이가 자기 꿈을 이루기 위해 달려가는 여정에서 필요하면 선택할 수 있는 하나의 작은 과정일 뿐이니까.

나는 경험으로 대학이 중요하지 않다는 것을 너무 잘 안다. 학벌도 자기 꿈을 이루기 위한 도구다. 무조건 대학에만 가는 것은 반대다. 꿈이 먼저다. 고등학생들에게 꿈이 뭐냐고, 이다음에 무엇이 되고 싶냐고 묻는 것은 실례라는 소리들을 한다. 여러 뜻이 있겠지만, 아이들 중 8할에게 꿈이 없다니 그런 질문 자체가 고문이기도 하겠다.

공부에 쫓기느라 자기 꿈이 뭔지도 모르고, 대학은 성적이 배정해주는 대로 간다. 막상 대학생이 되면 많은 학생이 허탈감으로 휴학하고 방황한다. 스스로 자기 적성을 찾아보거나 자신만의 능력을 시험해본 적도, 그것을 검증받아본 기회도 드물다. 뒤늦게 자신에게 질문하고 부모에게 물어보지만 디지털 세상에서 이제 부모가 해줄 수 있는 조언이라고는 고리타분한 이야기밖에 없다. 그만큼 시대가 급변하고 있다는 것을 우리는 인정해야 한다.

업데이트를 멈춘 부모의 지식과 경험은 독이다

부모가 '반팔자'라는 말이 있다. 부모의 성격이나 인생관, 세상과 타인을 마주하는 태도뿐만 아니라 부모가 아이에게 만들어주는 환경까지 전부 다 포함해서 부모라는 존재 자체는 곧 아이의 성장 환경이다. 부모는 스스로 아이에게 어떤 환경이 되어주고 있는지 돌아볼 필요가 있다. 부모는 자식보다는 인생의 선배이다. 지식에서도, 경험에서도 훨씬 앞서 있다. 그렇다고 부모의 지식과 경험이 다 아이에게 유용할까?

빌 게이츠Bill Gates가 "세계를 명확히 이해하기 위한 유용한 안내서"라고 극찬한 『팩트풀니스』의 저자, 한스 로슬링Han Rosling은 강연하기 전에 청중에게 열세 가지 질문을 던진다고 한다. 이 질문에 대한 정답률은, 누구나 다 알아맞힐 수 있는 지구의 환경과 관련된 열세 번째 문제를 빼고는 평균 2개란다. 대부분 열 문제는 틀리는 것이다. 청중이 지식인이든, 전문직을 가진 사람이든, 심지어 정치인이든 결과는 별다르지 않다.

극빈층 비율, 남성 대비 여성의 교육 기간, 자연재해 사망률, 아동의 예방접종률, 세계 인구의 기대 수명 및 변동 추이, 지구의 평균 기온 변화 등에 대해 묻는 열세 가지 질문은 우리가 전체 인류와 세계를 얼마나 잘못

인식하고 있는지 확인시킨다. 사람들이 갇혀 있는 지식과 경험의 한계, 기존 지식과 경험이 오히려 편견으로 작용하는 바로 그 지점에서 로슬링은 강연을 시작한다.

왜 우리가 그동안 공들여 쌓아온 지식과 경험이 편견을 낳고 말았을까? 로슬링은 우리의 기존 정보가 업데이트되지 않기 때문이라고 말한다. 부모의 지식이나 경험에는 분명히 한계가 있다.

아이에게 가방끈보다 더 필요한 것

책을 통해서만 지식을 얻을 수 있다고 생각하는 것도 너무 오래전 방식이다. 나는 준이가 어릴 때 책을 많이 읽어주려고 애쓰지 않았다. 지금도 책 좀 읽으라고 닦달하지 않는다. 글을 읽는 능력만 있다면 독서는 스스로 필요할 때 얼마든지 할 수 있을 것이라고 생각한다. 필요성을 느끼지 못하는 독서나 공부를 아이에게 억지로 시키고 싶지는 않다. 게다가 요즘은 나 역시 인터넷 검색이나 유튜브 영상 등을 통해 나에게 필요한 정보를 얻는다. 인터넷을 통하면 전문가의 전문적 정보에 접근하기도 용이하다.

내가 고등학생일 때 세상에 '야후'가 등장했다. 나는 그때 너무나 놀랐다. 야후에 검색하면 내가 배우고 암기해야 할 내용이 죄다 나오는 세상이 되었기 때문이다. 주입식 암기 교육은 더 이상 유효하지 않다는 것을 느꼈다. 이제는 야후보다 더 대단한 플랫폼들이 지식 검색 서비스를 엄청나게 제공하고 있다. 20년 사이에 지식이란 공부하고 암기해 얻는 것에서 검색해 얻는 것으로 급격하게 변화하는 광경을 생생히 지켜봤다. 그리고 지식 검색 대상은 이제 텍스트에만 한정되지 않고 이미지나 동영상으로 확장됐다.

여기서 더 나아가 곧 다가올 미래에는 검색할 수고조차 들일 필요가 없다고 한다. 일론 머스크가 스타트업 연구소 '뉴럴링크Neuralink'를 세워서 AI와 경쟁하기 위해 인간의 두뇌와 컴퓨터를 연결하는 데 도전하겠다니, 우리 머릿속에 정보로 가득한 컴퓨터 칩이 내장되는 시대가 곧 열릴 것 같다. 영어 단어가 좀처럼 외워지지 않을 때마다 영어 사전을 베고 잠들면 사전이 통째로 내 머릿속에 들어오기를 우리는 얼마나 간절하게 바랐던가. 그 말도 안 되는 농담이 과학으로 실현될 줄이야!

SF 영화가 현실이 되는 순간에 과연 우리는 적응할 수 있을까? 코로나 팬데믹을 극복하고 어떻게든 사회생활을 이어가기 위한 노력 덕분에 4차 산업혁명 시대는 더욱 급속하게 다가오고 있다. 4차 산업혁명 시대에는 AI의 상용화로 현재 우리가 알고 있는 직업의 판도도 완전히 달라질 것이라고 한다. 그때 우리 아이들에게 정말로 필요한 것은 과연 무엇일까?

우리 사회에는 뿌리 깊은 학벌주의가 여전히 만연하다. 그러나 학벌이 우리 인생을 책임져주지는 않는다. 실제로 주변을 돌아보면 바로 알 수 있다. 우리 모두가 그토록 대단하게 여기는 서울대나 하버드대만 나오면 다들 엄청나게 성공하여 재벌이나 백만장자가 되는 걸까? 그렇지 않다는 것은 우리가 이미 너무나 잘 안다. 가방끈이 너무 길어져 공부밖에 할 줄 모르는 사람도 많다. 그런데도 우리는 왜 아이를 대학에 보내지 못해서 안달하는가? 왜 교과 공부에만 아이를 파묻으려 하는가?

무섭게 변화하는 세상에서 살아남으려면 교과 공부는 학교에서만 하고, 그 외의 시간에는 사회 공부, 즉 세상살이 공부를 해야 한다. 우리가 몸담고 있는 사회에서 제 몫의 경제활동을 하고 부자로 살아가려면 돈 공부는 반드시 병행해야 한다.

의자 게임도 결국은 '먹고살기' 위한 문제

인구 감소는 세계적인 현상이지만, 특히 우리나라에서 더욱 가파른 절벽을 보인다. 그래서 어느 인구학자는 자녀에게 사교육을 시키지 않는다고 한다. 누구나 대학에 갈 수 있는 세상이 올 것이라는 게 그 이유다.

이런 세상에서는 대학 졸업장이 귀한 대접을 받을 수 없다. 학력이나 학벌로 성공할 수 있는 사람도 전체 대졸자 중 최상위 소수에 불과하다. 이렇게 승산이 낮은 게임에 전 국민이 뛰어들 필요가 있을까?

그런데도 모두가 아이를 대학에 보내기 위해 가족의 수입을 쏟아부으면서 할아버지의 돈과 엄마의 정보력과 아빠의 무관심이 필요하다는 입시 전쟁을 치러낸다. 의자 수가 이미 정해진 게임에서 어떻게든 한 자리를 차지하도록 아이를 밀어넣어 의자 게임을 시키고 있다. 아이가 공부를 재미있어 하는지, 더 뛰어난 다른 재능이 있는지 미처 파악할 새도 없이 말이다.

한국교육과정평가원이 발표한 자료에 의하면, 2021학년도 대학 입시를 준비한 수능 인구는 49만 명을 조금 웃돈다. 학령 인구가 급속하게 감소하여 처음으로 40만 명대로 줄어든 수치다. 그런데도 우리가 '인서울'이라고 부르는 수도권 대학 정원은 몇 명이나 될까? 수능 커트라인에 따라 줄줄이 세워지는 11대 대학의 입학 정원만 따지면 3만 4,000여 명에 불과하다. 그중에는 재수생이 차지하는 비중도 무시할 수 없다.

학령 인구의 감소로 입시생 수보다 전체 대학 정원이 더 많은 세상이 되기는 했다. 학생 정원을 못 채워 문을 닫는 대학도 점점 늘어가는 실정이다. 그래도 부모가 희망하는 인서울 11대 대학에 들어가기 위한 입시는 여전히 너무나 어려운 실정이다. 아무 대학이나 상관없는 것이 아니라 아이의 직업과 취업까지 내다본다면 대학은 여전히 바늘 구멍 너머에 있다. 대졸자라고 안전한 직장이 마련되어 있는 세상은 초저녁에 지나갔고, 막연히 대학만 나오면 어디든 취직이 되겠지 하는 기대도 어림없어진 지 오래다.

취업을 위해서는 학생 신분을 유지하는 편이 유리해서 대학생들이 취업 준비 기간에 휴학하느라 재학 기간이 길어지는 일은 보통이 되어버렸다. 이는 어릴 때부터 줄곧 사교육을 시키느라 수입의 막대한 부분을 떼어서 아이의 뒷바라지에 써온 부모를 초조하게 하는 일이다. 게다가 아이가 뒤늦게 취업에 성공한다고 해도 타고난 금수저가 아니라면 자기 힘으로 금수저를 거머쥐기란 점점 어려워지고 있다. 금수저는커녕 젊은이들은 연애할 돈도, 결혼할 돈도, 아이를 키울 돈도 벌 수가 없다고 아우성이다.

이처럼 대학을 졸업해도 경제와 금융에 대해 문맹이면 평범한 삶을 유지할 힘조차 비축되지 않는다는 것이 너무나 자명하다. 그런데도 그토록 많은 부모가 대체 왜 이렇게 실속 없는 투자를 계속하는 것일까? 부모인 우리 세대가 현재와 미래에 대해 너무나 무지하기 때문이 아닐까?

부모들이 아이에게 교과 공부를 강요하는 것은 우리가 아는 한에서 그것만이 가장 안전하고 평범하게 '먹고살기 위한 방편'이 되어줄 것 같아서다. 여기서 안전하고 평범하게 먹고살려면 돈이 필수라는 이야기로 돌아올 수밖에 없는데, 정작 '돈'에 대해 가르치는 것은 금기시하다니 정말 모순적이다.

부모보다 가난한 세대의 돈 버는 습관 쌓기

KBS 〈한밤의 시사토크 더 라이브〉에 준이가 출연한 적이 있다. 어린이날 특집이어서 준이가 특별 손님으로 초대된 것이다. 방송 주제는 어린이의 조기 경제 교육이었고, 준이가 경제 특강을 하는 형식이었는데 사회자가 질문했다.

"어린 나이에 돈에 대해 생각하게 된 특별한 계기가 있었나요?"

이때 준이가 더없이 솔직하게 대답했다.

"저는 그냥 돈이 너무 좋아요."

그때 정말 다들 웃고 난리가 났었다. 열네 살 아이의 돈에 대한 진심이 너무나 순수하게 드러났기 때문이다. 그 뒤에 준이는 자신의 돈 철학을 이어서 설명했다.

"저는 제가 열심히 번 돈의 일부를 꾸준히 기부하고 있는데요. 돈을 번다는 것은 저 혼자만의 행복이지만, 기부는 그 행복을 어려운 이웃들과도 함께 나누는 일이기에 세상까지 따뜻해져요."

돈이 싫은 사람이 세상에 있을까? 자칭 '돈 덕후'라면서 돈에 대한 욕망을 노골적으로 드러내는 사람이 늘어나고는 있지만, 누구나 다 돈을 좋아하면서도 그 이야기를 솔직하게 하지 못하는 이유는 뭘까?

우리 사회에서 부자의 이미지가 부정적이기 때문이라고 그 원인을 분석하기도 한다. 권력이나 학연, 지연 등에 기대어 부당한 특혜나 탈법으로 부를 축적한 사람이 많았던 때문이다. 어릴 적부터 집에서 "학생은 공부나 해. 돈 걱정은 하지 말고"라고 돈 이야기를 금기시했기 때문일 수도 있다.

"세 살 버릇이 여든까지 간다"라는 속담이 있지 않은가. 그런데 이 속담은 달리 적용되기도 하기에, 부정한 방법이 아니라 정당한 방법을 통해 자기 힘으로 건강하게 돈을 버는 교육은 어릴 때부터 반드시 필요하다. 돈을 버는 습관도 경제적인 실력으로 쌓여서 여든까지 간다.

우리 아이들은 인류의 역사상 최초로 부모보다 못사는 세대가 될 것이라고 한다. 1984년 이후에 태어난 아이들 중에서 부모보다 경제적으로 여유롭게 살 수 있는 비율은 50퍼센트에 불과하다니 말이다. 1960년대 이후 출생자의 경우에는 그 비율이 90퍼센트였던 것에 비해 현저히 낮은 수치다.

지금 부모들은 자신의 노후 자금 못지않게 자녀의 생활비까지 벌어둬야 할 판이다. 캥거루족으로 사는 성인 자녀와 늙은 부모 사이의 갈등은 흔한 일이 되었다. 우리보다 금융 문맹률이 더 높다는 일본에서는, 부모의 노후 연금으로 생활하기 위해 이미 사망한 부모의 사망 신고를 하지 않고 시신과 함께 생활하는 경제 무기력자들이 종종 뉴스에 등장하는 지경이다.

대학을 가든, 안 가든 아이는 자기 미래와 독립적인 삶을 위해 어떻게 돈을 벌고 굴릴 것인지 인생 전체를 조망하고 큰 그림을 그릴 줄 알아야 한다. 이것에 대해 가르치지 않는 것은 위험한 일이다.

우리는 상상한 만큼만 성공한다

공부를 못해도 세상에서 가장 행복한 아이

중학생 때 나는 중2병을 호되게 앓았다. 왜 하는지도 모르는 공부를 무조건 해야 하는 게 이해가 안 되고 정말 싫었다. 하기 싫은 공부를 하려고 책상 앞에 억지로 묶여 있다시피 하면 도대체 내가 왜 세상에 태어나서 이런 고생을 해야 하나 싶어서 죽고 싶은 생각까지 들었다.

사실 내 중2병에는 원인이 있었다. 나는 집안에서 별종이었다. 서울대나 카이스트를 가는 사촌들 틈에서 공부 아닌 다른 것에 호기심이 많은 나는 매일 지적당하는 유별난 아이였다. 잘난 사람들 사이에서 별종으로 살아간다는 것은 절로 주눅이 들게 했다. 공부를 못한다는 이유로 스스로를 세상에 쓸모없는 사람인 것처럼 여겼던 나의 학창 시절을 돌아보면 가엾고 불쌍하다. 그때 나는, 무조건 공부하라는 어른들의 말에 반감을 느끼는 학생들은 대개 나처럼 울적하게 지낼 것이라고 생각했다.

같은 반에 나와 이름이 같은 친구가 하나 있었다. 이름뿐만 아니라 공부에 별 관심 없이 평범한 것도 비슷했는데 그 친구는 나와는 좀 달랐다. 친구의 표정은 늘 밝았다.

어느 날, 친구가 자기네 집에 잠깐 들르자고 했다. 친구가 문을 열고 들어간 곳은 작고 허름한 잡화점이었다. 가게 안쪽에 딸린 단칸방 문이 열리고 친구네 엄마가 나왔다.

그때부터 나는 충격을 받기 시작했다.

친구네 엄마가 세련되고 교양이 넘치는 귀부인이어서가 아니었다. 친구를 보자마자 우리 딸이 왔느냐면서 다 큰 딸을 안고서 볼을 비비며 아주 반겨줬기 때문이다. 분명 아침에 등교하면서 헤어지고 겨우 몇 시간 후에 만난 것일 텐데 말이다.

친구가 나를 이름이 똑같은 친구라고 소개하자 친구네 엄마는 내 손도 꼭 잡아줬다. "어머, 너와 이름이 같아?"라고 큰 소리로 웃으면서 나를 환영했다.

방 정리도 잘 안 되어 있고 가게 뒤 단칸방 살림인데도 그 집에는 웃음소리와 온기가 가득했다. 친구가 학교에서 있었던 일을 재잘대자 친구네 엄마는 "아우, 우리 딸이 그랬어?" 하고 박수를 치면서 아주 재미있는 이야기인 듯 들어줬다. 내가 듣기에는 그냥 학교에서 늘상 일어나는 일이었다.

공부를 잘하는 것도, 부잣집 딸도 아닌 친구가 시선이 삐딱해지기 쉬운 사춘기에도 늘 밝은 얼굴일 수 있었던 것은 엄마가 따뜻하게 표현해주는 사랑 덕분인 듯했다. 열다섯 살 내 눈에는 그 친구가 세상에서 가장 행복한 사람이었다.

내 부모님이 나를 사랑해주지 않은 것은 아니었다. 낙천적인 아빠는 언제나 온화했고, 엄마는 자식 사랑이 지극해서 자식을 위해서라면 더없이 희생적이었는데도, 공부에 별 취미가 없는 학생으로 교육열 왕국인 집안에서 살아가기란 쉽지가 않았다. 아니 많이 힘들었다.

사실 모든 아이가 공부를 잘할 수는 없다. 꼭 잘할 필요도 없다. 나는 나중에 커서 아이를 낳는다면 내 아이에게는 무턱대고 공부를 강요하기 이전에 꿈과 동기(공부가 필요하다면 공부에 대한 동기도 포함하여)를 먼저 불어넣어주는 부모가 되기로 마음먹었다. 미래의 멋진 자기 모습을 상상하면서 그렇게 되는 길을 찾아서 노력하는 것이 공부보다 더 중요한 일일 테니 말이다. 그렇게 되는 길은 공부 말고도 의외로 많이 있다. 오히려 공부는 에둘러 가는 길일지도 모른다.

내가 사업가를 꿈꾸게 된 이유

솔직히 나는 공부하는 걸 별로 좋아하지 않는 아주 평범한 학생이었다.

칠판 앞에서 교과 내용을 전달하려고 열심히 수업하는 선생님을 쳐다보며 다른 상상만 했다.

'선생님 아기가 아프다더니 이제 아기는 괜찮아졌나? 선생님은 오늘 왜 저런 옷을 입으셨을까?'

세계사 시간에는 선생님이 시키는 대로 중요한 역사적 사실에 밑줄을 그으며 외우다가도 혼자 상상에 빠지곤 했다.

'이런 시대에 살았던 사람들은 얼마나 힘들었을까?'

이런저런 상상으로 생각의 가지를 치다 보면 언제나 실질적인 공부는 뒷전으로 밀려났다.

초등 5학년 때 처음으로 작은아빠와 사촌을 함께 만났다. 그때까지 비행기를 한 번도 타본 적이 없는 나는 작은아빠가 항공사 기장이라는 게 놀라웠다. 동갑인 사촌이 나에게 물었다.

"너희 집에도 냉장고 있어?"

"냉장고는 있는데 왜?"

"어머, 있구나. 제주도에는 냉장고가 없는 줄 알았어."

나는 자존심이 상하는 말인 줄도 모르고 처음 본 서울 아이를 신기해하기만 했다.

"우리 집에는 피아노도 있어. 나는 재즈 피아노를 쳐."

재잘거리는 사촌을 보며 서울말은 저렇게 말끝을 이쁘게 올리는구나 하고 한동안 그 말투를 따라 하기도 했다.

외국에는커녕 서울에도 한번 가보지 못한, 그런 내가 안쓰러웠는지 작은집에서 나를 초대했다. 혼자 비행기를 타고 간 작은집은 롯데월드 근처에 있었다.

아침 일찍 롯데월드에 도착한 나는 충격에 휩싸였다. 롯데월드로 들어가는 초입에서 동화 속 공주들이 살 법한 성을 태어나서 처음 봤기 때문이다. 저런 성이 실제로 존재한다니 입을 벌린 채 넋 놓고 올려다봤다.

그 후 하얀 성은 내 꿈이 되었다. 내가 살고 싶은 성을 머릿속으로 그려봤다. 그런 성에 살려면 지금도 성에 살고 있는 유럽의 어느 왕자와 결혼하면 될 것 같았다. 엉뚱하게 유럽 왕자의 신부가 된 미래의 내 모습을 혼자서 마구 상상하기도 했다.

그나저나 유럽에 가야 왕자도 만날 텐데 도통 방법이 없었다. 그러던 고등학교 1학년 어느 날, 친한 친구가 방학 때 유럽으로 가족 여행을 떠난다는 것이었다.

"유럽으로? 그럼 성에도 가니?"

친구는 그렇다고 대답했다. 나는 친구가 진심으로 부러웠다.

"좋겠다. 나도 가고 싶다."

그때부터 나는 그 친구를 연구하기 시작했다. 그 친구에 대해 연구하면 나도 유럽으로 갈 방법을 찾아낼 수 있을 것 같았다.

도대체 저 친구와 나는 무엇이 다를까? 같은 학교에 다니고, 같은 교실에서 같은 교복을 입고 공부도 비슷하게 하는데 저 친구는 어떻게 방학마다 해외로 놀러 다니고 계절마다 다양한 레저 스포츠까지 섭렵하는 것일까?

보아하니 친구는 집이 부자였다. 나는 그때부터 연구 대상의 범위를 넓혀서 부자들을 연구하기 시작했다. 똑같은 교복을 입어도 이상하게 부잣집 아이들은 뭔가 달랐다. 말투, 취미, 집 안 인테리어, 좋아하는 음식, 희망 직업 등 학교를 벗어나면 어떤 생각을 가지고 어떤 생활을 하며 부모에게서 어떤 가르침을 받는지 부자 친구들을 조용히 관찰했다.

그 결과, 우선 부모의 직업이 달랐다. 대부분 부모가 사업가이거나 전문직이었다. 그래서 나는 나중에 커서 사업을 하기로 결심했다. 화장품 회사 회장이 되어 돈을 아주 많이 벌어서 유럽으로 왕자를 찾으러 가든, 아니면 내가 직접 성을 짓든 아무튼 성에 사는 상상을 했다. 열두 살 때 롯데월드에서 본 하얀 성 같은 집 말이다.

세상이 바라보는 나에 대한 오해

준이가 유명해지면서 준이 엄마이자 사업가인 나에 대해 흔히 하는 오해가 있다. 내가 시아버님의 사업체를 물려받아 편하게 사업해왔다고 추측하는 것이다. 방송 일을 했던 경력 덕분에 인맥이 넓어서 그 덕까지 톡톡히 보고 있으니 내 인생은 '땅 짚고 헤엄치기'가 아니냐고 의심의 눈길도 보낸다.

내가 얼마나 절박하게 사업에 뛰어들어 지금까지 어떻게 헤쳐 나왔는지를 전부 얘기할 수 없지만, 매일 벼랑 끝에 서 있는 마음으로 살아왔고,

지금도 그렇다는 말을 하고 싶다.

스물세 살 신부와 스물일곱 살 신랑이 결혼 생활을 시작할 때는 그야말로 아무것도 없었다. 너무 어린 나이에 결혼하다 보니 모든 게 엉망이었다. 하나도 준비된 것 없이 출발했기 때문이다. 사랑만으로 가정을 꾸린다는 것은 너무 힘든 일임을 온몸으로 경험했다.

양가 부모님은 이렇게 말씀하셨다.

"결혼했으니 너희 힘으로 살아라."

우리 신혼집은 제주 시내에 있는 작은 원룸이었다. 2년 반의 제주방송 경력만 믿고서 홀로 상경한 서울에서는 별다른 소득이 없었던 터라, 나는 일이 절박했다. 스물세 살의 내가 가지고 있는 기술이라고는 딱 하나, 방송이었다. 나는 다시 제주도에 있는 방송국에 일자리를 얻고자 도전했다. 다행히도 모든 시험 절차를 통과해서 마지막 사장 면접 단계까지 올라갔다. 그런데 면접 중에 난리가 났다. 내가 유부녀인 게 확인된 것이다. 그렇게 떨어졌다. 집으로 돌아오는 길에 엄청 울었다. 이제 나는 유부녀라는 딱지까지 붙은 존재가 되었다. 내 꿈에서 완전히 멀어지는 것 같았다.

하지만 사람의 일이란 알 수가 없다. 한 번 도전해서 안 되더라도 포기하지 말고 다시 힘을 길러서 재도전해야 하는 이유가 바로 이것이다. 내 힘이 더 세면 결국 문은 열린다. 나는 다시 제주도든 서울이든 방송국에 지원했고, 결국 합격했다.

지독한 일벌레가 사업을 맡으면

운 좋게도 그즈음 방송국 지원 이력서에 결혼 여부와 학력을 묻는 칸이 없어졌다. 드디어 서울에 있는 교통방송국의 기상 캐스터로 합격했다. 나는 바로 꿈에 그리던 서울로 입성했다.

한 번도 방송 아카데미 같은 곳을 다니지 않았지만 이미 실전에서 터득한 실력이 있었다. 한 달 동안 테스트 시험만 다섯 번을 봤는데 전부 통과했다. 방송국에서 기혼 여부를 묻지 않기에 나도 굳이 결혼했다는 말을 하지 않았다.

그리고 마침내 여고 시절에 나를 마구 꿈꾸게 했던 뷰티 방송의 아나운서 시험에도 합격했다. 꿈만 같았다. 나는 2년 동안 정말 열심히 일했다. 연예 채널 MC도 하고, 큰 광고도 많이 찍었다. 시간이 날 때마다 강남 바닥을 누비며 광고 오디션을 보러 다녔다. 프리랜서 아나운서였기 때문에 가능했다. 고정 방송으로는 두 프로그램을 맡고, 나머지 시간에는 다른 일을 잡아서 거의 다섯 가지, 많게는 열 가지 방송을 해냈다. 매니저도 없이 날마다 새벽 방송을 하고 밤 11시 홈쇼핑에까지 출연했다. 끼니는 차 안에서 김밥 한 줄과 바나나 우유로 해결했다.

그렇게 스물다섯 살 때 한 달에 1,000만 원에서 1,500만 원을 벌었다. 혹시라도 기혼 사실이 알려질까 봐 회식 자리에 마음 편히 가지도 못했다. 내가 결혼했다는 것은 친한 언니 몇 명만 알고 있는 비밀이었다.

그렇게 한창 방송을 잘하고 있을 때 시아버님이 서울에 올라오셨다. 우리 부부가 제주도로 돌아왔으면 하셨다.

나는 그때 서울에서 바쁘게 방송을 하면서도 여기서 더 이상의 발전은 없을 것 같다는 생각을 하고 있었다. 스스로 한계를 느끼며 여기서 무언가를 더 시도했다간 쓰러질 같았다. 서울에서의 경험은 좋은 추억으로 기분 좋게 묻어두고 박수를 받을 때 떠나기로 했다.

마침 한 제주방송국에서 라디오 DJ를 구하여 오디션을 보고 합격하면서 나는 고향인 제주도로 다시 내려왔다. 제주도에서 라디오 프로그램을 진행하며 방송 생활을 2년 반쯤 더 했다. 여전히 새벽 방송이나 아침 방송이었다. 준이를 임신하고도 매일같이 새벽에 일어나 집을 나서야 했다. 나는 괜찮다고 생각했는데 배 속의 아기는 그렇지 않았나 보다. 너무 무리했는지 임신중독증까지 와서 병원에 입원하는 등 고생이 정말 많았다.

집에서 가만있지 못하는 기질이다 보니 출산 후 두 달 만에 친정엄마에게 백일도 안 된 준이를 맡기고 방송에 서둘러 복귀했다. 때마침 카트장까지 오픈하면서 사업도 병행하게 됐다. 처음에는 아침 방송을 해가면서 사업장으로 출근하여 업무를 봤지만 아기까지 보살펴야 하니 모든 일을 병행하기가 어려웠다. 결국 준이의 백일 즈음에 방송은 완전히 접었다.

사업장은 그때 공사도 아직 채 끝내지 못한 상태였다. 벌여놓은 일은 큰데 운영자금이 부족해서 위태롭기까지 했다. 막연히 꿈꾼 적은 있지만 지금껏 전혀 해보지 않은 사업, 그것도 수많은 남녀노소를 대해야 하는 관광사업에 뛰어들었다. 그렇게 나는 갑자기 사장이 되었다.

하루에 한 가지라도 새로운 것 시도하기

나는 스무 살에 처음 돈을 벌기 시작할 때부터 하루에 1,000원이라도 꼭 저축했다. 사업에 뛰어든 후에는 반드시 성공해야 한다는 결의로, 이번에는 하루에 한 가지라도 새롭게 발전시키지 않으면 사업장의 문을 닫지 않겠다고 결심했다.

당시만 해도 승마를 하는 곳이나 카트를 타는 곳은 어둡고 지저분하고 어수선하다는 이미지가 강했다. 남녀노소, 가족, 연인이 모두 찾는 관광지였기에 나는 기존 레저 업체의 이미지부터 확 벗어던지고 신선하게 탈바꿈하기로 했다. 원래 홈페이지를 가득 채우고 있던 실제 체험 사진을 전부 내리고 예쁜 손그림으로 바꿨다. 분홍빛 그림은 사업장을 꿈과 희망이 가득한 곳으로 보이게 했다. 제주도로 오기 전에 홈페이지만 봐도 가슴이 설레게 만들고 싶었다.

실제로 나는 분홍색을 좋아한다. 고등학교 때 미화부장을 맡은 적이 있는데 교실을 온통 분홍색으로 꾸며놓았다. 다른 반 아이들이 몰려와서 구경하기도 했다. 이번에도 매표소이자 휴게실 역할을 하는 공간을 분홍색으로 칠하고 카페 '분홍분홍해'를 열었다. 사람들이 단순히 카트를 탄다

기보다 그 자체가 이벤트가 되도록 코스프레 복장을 해외 곳곳에서 사다가 진열해 무료 대여도 했다.

그리고 휴게실에 들어오면 뭔가 살 수 있는 물건들이 있어야 한다. 카페를 열었으니까 당연히 커피와 음료를 주문받는 것은 물론 빈자리에 '바다 캔들' 가게를 열어서 살 수 있도록 했다. 커피 등을 팔고 남는 시간에는 빈 구석, 허름한 곳이 없는지 살피러 다니면서 날마다 사업장 곳곳을 페인트칠하고 각종 시설을 보수했다. 빈 벽은 다양한 벽화로 채워서 이곳저곳에 포토존을 만들기도 했다.

그렇게 개선한 포토존 등을 이용해 단돈 300원으로 사업장을 홍보하기도 했다. 요즘 사람들에게는 여행에서 가장 중요한 것이 'SNS로 사진 공유하기'다. 행복한 자기 모습을 남들에게 보여주기 위해 사진을 찍는 것이다. 그런 사진 속에 우리 사업장의 이름도 함께 찍힌다면 좋을 것 같았다. 그것을 위해서는 작은 포토 피켓이면 충분하다.

사업장을 찾은 손님들이 포토존 등에서 '제주 여행 중', '성읍랜드 여행 중', '우리 가족은 제주 여행 중'이라는 피켓을 들고 사진을 찍으면 그 사진을 본 사람들은 사진 찍은 장소의 위치와 상호까지 전달받는 것이다. 이 포토 피켓은 내가 직접 만들었다. 제작비는 개당 300원이었다.

성공은 작은 아이디어에서 ①
화려한 코스프레 의상

사업의 성공 비결은 큰돈을 들이지 않는 데 있다. 적은 투자로 최대 효과를 보기 위해 연구해야 한다. 요란하고 화려하게 공사해서 사업장을 바꾸지 않고도 아주 작은 아이디어로 가게를 소문내고 사람들을 즐겁게 할 수 있다.

내가 카트장을 운영하는 동안에 다른 카트장이 우후죽순 생겨나서 경쟁이 점점 치열해졌다. 많은 사람이 조언해준다면서 카트장을 두 배로 넓히라는 둥, 지붕을 덮어서 우천 시에도 비를 맞지 않도록 코스 전체를 실내로 만들라는 둥 비용을 고려하지 않은 의견들을 쏟아놓았다.

공사비를 계산해보니 카트장을 그냥 접는 편이 차라리 나을 것 같았다. 그때부터 혼자 조용히 앉아서 수많은 아이디어를 짜내기 시작했다. 그러다가 답답한 마음에 세계 여행가이기도 한 남편과 함께 드넓은 세상을 돌아보며 해법을 찾아보자고 무작정 외국으로 떠났다. 준이도 동행했던 일본 여행에서 우연히 그 해답을 찾았다.

사람들이 카트를 타고 도로를 달리는데 정말 신선한 충격을 받았다. 게임 캐릭터 옷을 입은 채 카트를 타고 거리를 누비는 것이었다. 알고 보니 이곳은 연출 사진을 촬영하기에 좋다는 이유만으로도 많은 인기를 얻어 호황을 누렸다. 우리처럼 카트장이라고 공간을 따로 만든 것이 아니라,

카트 체험 업체의 사무실은 작은데 카트에다 자동차 번호판을 달아서 거리를 활보하게 했다. 당연히 우리보다 초기 투자 비용이 턱없이 적은데도 이윤은 훨씬 크게 남겼다.

나는 일본 거리의 카트들을 바로 벤치마킹했다. 일본에 있는 코스튬 가게들을 돌고 또 돌아서 코스프레 의상을 한가득 사 왔다. 그러고는 우리 사업장에 걸어두고 홍보하기 시작했다.

카트장의 규모나 시설이 문제가 아니었다. 시대의 흐름상 SNS 포토 스폿이냐 아니냐가 문제였던 것이다. 코스프레 의상 덕분에 사업장은 제주 관광의 핫 플레이스로 등극했고, 유명한 방송 프로그램들에서 줄줄이 촬영하러 왔다. 이렇게 하여 단돈 150만 원을 더 들인 카트장은 월 1억 이상의 매출을 올리는 명소가 되었다. 그 덕분에 몇 년 동안 큰돈을 벌 수 있었다. 이 돈은 나에게 정말 귀중한 시드 머니가 되었고, 부동산 재테크에 투자하여 더욱 큰돈으로 불어났다.

성공은 작은 아이디어에서 ②
8,000원 짜리 공룡 장갑

어느 날에는 ATV 체험장을 두고 고민에 빠졌다. 매출이 늘 제자리였기 때문이다. 내가 답답해할 때마다 세상 구경을 하러 가자는 남편을 따라 이번에는 하와이로 여행을 떠났다. 그리고 그곳에서 방법을 발견했다.

세계 여행을 떠날 때마다 그 나라의 관광지, 핫 플레이스를 확인하는데 가장 눈여겨보는 곳은 당연히 레저 체험장이다. 하와이의 어느 공원에서 찍었다는 사진이 눈에 쏙 들어왔다. 그 아이디어는 아주 기발했다. 나는 그 자리에서 쇼핑몰을 검색하여 8,000원짜리 물건을 주문했다.

하와이에서 본 사진은 공룡에게 잡아먹히기 일보 직전에 살아남기 위해 필사적으로 도망치는 장면을 연출한 사진이었다. 알고 보니 공룡은 관광 가이드가 손에 낀 공룡 머리 장갑일 뿐이었다.

집으로 돌아와 벌써 도착해 있는 공룡 머리 장갑으로 직원들에게 사진 연출 방법을 설명해줬다. 내가 신선하게 여겼던 만큼 역시나 반응은 뜨거웠다. ATV를 타고 푸른 초원을 달리다가 거대한 공룡을 맞닥뜨리는, 그야말로 극적인 장면을 연출해냈다. 그 연출 사진은 보는 것만으로도 아주 재미있었다.

착시를 이용한 사진이 흥미로웠는지 많은 방송 프로그램에서도 촬영해 갔다. ATV장은 사양 사업이라 곳곳에서 폐업하곤 했는데, 우리는 8,000원짜리 공룡 장갑 하나로 매출이 눈부시게 상승했다.

성공은 작은 아이디어에서 ③ 세계 최초 파리 잡기 체험

우리는 말을 키우다 보니 항상 파리가 너무 많았다. 잡아도 잡아도 끝이 없었다. 여름에는 카페에서 빙수를 파는데 파리가 들끓으니 불결해 보일 뿐만 아니라 간단한 간식을 먹기에도 여간 성가신 것이 아니었다.

파리 문제를 해결하기 위해 정말 다양한 시도를 했다. 문을 열 때마다 들어오는 파리를 막기 위해 출입문 양쪽 위를 고무줄로 묶어서 자동으로 닫히게도 해보고, 정육점에나 달려 있을 법한 두꺼운 비닐 커튼을 달아서 손님들이 그 커튼을 걷고 들어오게도 해봤다. 천장 곳곳에 줄을 매달아 시디나 물을 넣은 고무장갑을 늘어뜨려놓기도 했다.

그런데 미관상 너무 흉해서 이번에는 모기장을 젖히고 지나가면 자석 때문에 자동으로 닫히는 자석 방충망을 설치하고, 해충 박멸 기계를 설치하여 약도 뿌려봤다. 출입문이 문제인 것 같아서 큰돈을 들여 자동문 위에 에어 커튼까지 설치했지만, 결국 모두 실패했다. 세상에나, 파리들이 얼마나 똑똑해졌는지 이제는 사람들이 들어올 때까지 문밖에서 기다렸다가 문이 열리면 사람들과 함께 한번에 쑤욱 들어오는 것이 아닌가. 나는 절망적이었다.

며느리가 여름이면 파리 때문에 카페에서 마음 편히 빙수를 못 파는 게 마음이 쓰인 시어머님은 시간이 날 때마다 파리채로 파리를 잡아주곤 했다. 카페에 앉아서 신나게 들어오는 파리들을 속수무책으로 노려보던 내 머릿속으로 어떤 생각이 번개같이 스쳤다. 이거였다, 파리채!

다음 날 아침, 나는 동네 마트에 가서 빨간 파리채 10개를 사 왔다. 그리고 사업장에 놓여 있던 우산꽂이에 파리채들을 꽂아두고 크게 써 붙였다.

"세계 최초! 우주 최초! 파리 잡기 무료 체험! 열심히 많이 잡으신 분에게는 아이스티 한 잔을 선물로 드립니다."

반응이 아주 뜨거웠다. 카페 손님들이 너도나도 신나게 파리를 잡아주는 것이었다. 빙수를 다시 개시하니 빙수를 먹으면서도 한 손에는 파리채를 잡은 채 그릇으로 다가오려는 파리들을 모조리 잡아줬다. 아이들도 신이 났다. 대부분 도시에서 온 아이들이다 보니 이렇게 크고 많은 파리는 처음 본다면서 파리 잡기 체험에 즐겁게 나섰다. 나도 신나서 기쁜 마음으로 맛있는 아이스티를 선물했다.

지금은 파리 잡기 체험이 없어진 지 오래다. 그 이유가 신기하다. 파리들 사이에 우리 사업장이 무서운 데라고 소문이 났는지 파리들이 거짓말같이 사라졌기 때문이다.

이 아이디어로 나는 트리즈TRIZ 기법(창의적 문제 해결 이론)의 적용 사례로 뽑혀서 트리즈 전문가 인증서를 받았다. 손봉석 작가와 김주하 작가가 자신들의 책에 '돈 안 들이고 문제 해결하기', '아이디어로 문제 해결하기' 사례로 소개하기도 했다.

돈 없는 사장보다 절실한 사람은 없다

사업이 잘못되는 것은 전부 사장 탓이라는 생각으로, 나는 늘 작업복을 입고 출근한다. 신발도 항상 운동화다. 그래야 언제든 뛸 수 있기 때문이다. 손에는 줄자, 메모지, 펜을 가지고 다닌다. 잘못된 곳이나 불편한 데가 있으면 바로 고치기 위해서다.

우리 사업장은 실내보다 실외가 드넓고 동물도 있어서 늘 신속하게 움직일 준비가 되어 있어야 한다. 내 경영의 기본 비책은 직원에게만 맡기지 않고, 사장 자신이 직접 '현장'에서 문제점을 찾고 해결하는 것이다. 나는 작업복 차림으로 돌아다니며 현장의 고객들을 관찰했다. 손님들의 동선을 확인하면서 불편한 시설물이 발견되면 바로바로 공사하여 해결하거나 불만 사항을 개선했다.

고객들이 "화장실이 어딘가요?"라고 자꾸 물어보면 화장실 표지판을 새로 크게 제작해 붙인다. "비가 와도 체험이 가능한가요?"라고 문의 전화가 오면 바로 비옷을 준비한다. 고객 중에서 아기나 유아 손님의 비중이 높은 게 파악되면 기저귀 교환대와 유아 의자를 마련한다. 고객들이 체험 대기 시간을 지루해하는 것 같으면 여기저기 포토존을 다양하게 꾸미거나 거울을 배치하고 재미있는 코스프레 소품들을 진열하여 놀 거리를 제공한다.

사업을 하면 세상의 새로운 트렌드에 민감할 수밖에 없다. 우리 사업장의 경쟁 상대는 다른 승마장, 카트장, ATV장이 아니다. 관광객의 여행 일정에 우리 사업장이 들어가느냐 마느냐가 중요하기에 제주도의 다른 모든 사업장뿐만 아니라 아름다운 자연경관까지 다 경쟁 상대라고 할 수 있다.

그래서 나는 출근길에 옆길로 새어서 아무 데나 평소에 내가 잘 다니지 않는 길을 따라가보곤 한다. 그 길에 인기 많은 카페가 있으면 들어가 사람들의 이야기를 가만히 듣고 움직임을 관찰하며 그들의 입장이 되어 그들의 마음을 상상한다. 왜 이곳에 카페를 만들었을까? 손님들은 동네 사람일까, 관광객일까? 손님들은 어떤 경로로 이곳에 오게 됐을까?

인스타그램 게시물과 블로그 포스팅은 꼭 검색해 확인한다. 그러면 사람들이 좋아하는 요인을 엿볼 수 있다. 바깥 풍경이 좋았다거나 마시멜로를 구워주는 게 좋았다거나…… 사람들이 좋아하는 포인트를 찾고 배워나간다. 특정 장소에서 사진을 많이 찍으면 나도 그 자리에서 사진을 찍어본다. 왜 그런 구도를 선택했는지, 무엇을 담고 싶었는지 알아보는 것이다. 실내보다 실외에 사람이 많으면 밖으로 나가서 앉아본다. 손님들의 발걸음이 닿는 곳이면 구석구석까지 탐구한다. 심지어 실내의 테이블 높이, 실외의 펜스 높이도 다 재어본다.

지금 생각해보면 이런 내 성장의 가장 큰 원동력은 돈이 없었다는 것이다. 돈이 없었기 때문에 나는 늘 최소 비용으로 최대 효과를 거두는 방법을 스스로 연구하고 시도하고 발전시켰다. 내가 힘들 때 직접 나서서 재정적으로 해결해주는 대신 멀리서 묵묵히 지켜보며 조용히 응원해준 부모님에게 지금은 너무나 감사한다. 내가 이만큼 성장할 수 있었던 것은 그 덕분이고, 내 손으로 하나씩 성과를 만들 때마다 큰 성취감과 더없는 행복을 느꼈기 때문이다.

부모가 아이를 위해 무언가를 직접 해주는 것은 해로운 일이다. 아이에게서 스스로 열정적으로 살아갈 의지를 빼앗으며 자기 노력으로 얻을 수 있는 성취감을 박탈하고 마는 결과를 낳을 수 있기 때문이다.

나는 준이에게도 어릴 때부터 '헝그리 정신'을 강조했다. 그리고 아이가 자기 노력으로 스스로 성취해가는 기쁨을 느끼도록 적절한 기회를 만들어주려고 노력해왔다. 뭔가 좀 부족하고 결핍돼야만 간절해지는 법이다.

확실한 동기만 심어주면 공부는 저절로 된다

스스로 필요해야 알아서 공부한다

코로나가 불러온 팬데믹 세상은 정말 낯설고 두렵다. 사람이 무서운 세상이 되어버리다니. 오랜 세월 사람이 반가운 사업을 해오는 동안 많은 이슈가 발생했지만, 이런 경우는 난생처음이다.

코로나 시대를 겪으면서 나는 늦었지만 이제부터라도 디지털 노마드가 되어야 하고, N잡러가 되어야 한다고 생각한다. 준이에게도 세상이 바뀌었으니 완전히 달라진 세상에 발맞춰 여러 트렌드에 관심을 가지고 준비하라고 조언한다. 앞으로 미래 세대의 사업은 오프라인 현실 세계에서보다 온라인 가상현실 세계에서 더욱 빛을 발할 것이다. 굳이 직원을 둘 필요도 없다. 사업 프로젝트별로 좋은 사람들과 협력하는 비즈니스를 잘 하면 된다. 지금도 스마트폰 하나만 있으면 거의 다 되는 세상이 아닌가.

"준아, 지금 이 현실을 생생히 보고 느껴. 세계의 어떤 경제공황보다 더욱 심각한 상황이야. 앞으로 네가 살아가는 동안 열네 살 지금 이 시기를 절대 잊어서는 안 돼. 언제든지 말도 안 되는 위기가 닥칠 수 있다는 것을 알고서 항상 모든 가능성을 열어둔 채 다방면으로 준비해둬야만 끝까지 살아남을 수 있어. 알겠지?"

취향이 분명한 준이는 자기 특성이 고스란히 드러나는 책꽂이를 가지고 있다. 위인전을 유독 좋아하는데, 특히 경제적으로 성공한 사람들에게 관심이 많아서 책장에 꽂혀 있는 위인전도 그런 인물들 위주로 몇 번씩 읽고 또 읽는다. 주식 관련서나 경제사 책도 많이 꽂혀 있다.

처음 주식에 투자할 때만 해도 솔직히 준이는 책도, 뉴스도 안 봤다. 투자 수익이 50만 원쯤 났을 즈음에는 그저 좋아서 난리만 피웠다. 수익이 100~500만 원쯤 나니까 그제야 '주식이 뭐지?'라는 좀 더 깊은 호기심으로 유튜브를 검색하는 등 찾아보기 시작했다.

그때부터 준이는 자신의 관심 분야에 대해 자기가 알아서 공부를 시작했다. V자 반등, 분할 매수, 분산투자, 상승장, 불bull장, 블랙 스완 등 주식 관련 키워드부터 공부했다. 준이가 인터뷰할 때 그런 전문용어를 구사할 수 있었던 이유가 이것이다. 유튜브 영상도 보고, 책도 본다. 영화 〈돈〉과 〈국가 부도의 날〉도 스스로 찾아봤다.

어느 날, 준이를 데리고 옷을 사러 갔는데 옷 가게 사장님이 준이를 알아보고 주식에 대해 물었다.

"○○차를 어떻게 생각해?"

준이는 "주식의 미래는 아무도 알 수 없어요. 당장 내일의 주식시장도 알 수가 없는데요. 누구에게 종목을 추천받지 마시고 스스로 공부하셔서 신중하게 투자하세요"라고 대답했다. 사실 아동이나 10대들이 주식 계좌를 무분별하게 개설했다는 이야기를 듣고 나서는, 방송에 출연할 기회가 생기면 자신은 워낙 낮은 주가일 때 매수해서 수익이 쉽게 난 것이라고 솔직하게 조언하고 있다. 준이가 주식에 관해 본격적으로 공부할 필요를 느낀 것이 그 때문이다.

10대가 주식 투자로 얻는 가장 큰 이점은 바로 이런 것이다. 자기 용돈이 투자되므로 관련 공부에 대한 동기부여가 자체적으로 된다. 그때부터는 애초의 관심사였던 주식을 넘어서 경제에 눈뜨고, 나아가 세계의 중요한 움직임에도 예민하게 촉각을 곤두세우게 된다.

목표를 빠르게 달성하는 셀프 동기부여 방법

준이를 키우는 동안 내가 가장 힘들었던 점은 아이가 한시도 가만있지 않는다는 것이었다. 아이는 어릴 때 흥얼흥얼 노래를 부르고 몸으로 계속 리듬을 타며 춤을 추었다. 걸을 때도 가만가만 걷는 게 아니라 폴짝폴짝

뛰듯 흥이 넘치게 걸었다. 엉덩이는 무거워 보이는데 한자리에 오래 앉아 있지 못하니 그것도 참 신기했다. 오죽하면 ADHD라는 의심까지 받았을까. 워낙 움직이는 것을 좋아하다 보니 책의 경우도 한 페이지를 넘기기 어렵도록 글자가 많은 책보다는 페이지가 휙휙 넘어가는 만화책이나 그림이 많은 책을 자연스레 좋아했다.

어릴 때 아이에게 독서 습관을 잘 들이는 것이 굉장히 중요하다고들 말하지만, 나는 아이의 기질과 성향에 따라 다르게 적용해야 한다고 생각한다. 게다가 요즘은 지식이나 정보를 전달하는 매체가 정말 다양해졌다. 앞에서 잠깐 얘기했지만, 나도 어릴 적에 독서를 즐기지 않았기에 아이한테도 어릴 때부터 반드시 책을 많이 읽어야 한다고 강요하지 않았다. 뭐든 본인한테 필요하면 스스로 찾아보게 되어 있다.

내가 목표한 것을 아주 빠르게 달성하는 나만의 방법이 있다. 스스로에게 셀프 동기부여를 하는 방법인데 이를 준이에게도 알려줬고, 준이는 이 방법으로 어린 나이에도 크고 작은 성과를 만들어냈다.

가령 단시간에 책을 많이 읽고 싶다면 우선 다음과 같이 큰 목표를 설정하고 여기에 기간까지 정해둔다.

목표 책의 저자가 되기

성취 기간 2년

나는 블로그 포스팅을 하루에 하나씩 한다. 준이는 일주일에 두 번씩 유튜브 영상을 업로드하기 위해 원고를 작성한다. 이 내용들을 모아서 2년 안에 책을 쓰고 저자가 되기로 결심하는 것이다. 이것이 스스로에게 확실한 동기부여로 작용한다. 내가 쓸 책의 주제까지 구체화하면 좀 더 전문적인 내용을 담기 위해 관련서들을 탐독하게 되고, 이는 내 생각을 풍성하게 다지고 보완하는 데 거름이 되어준다. 기간은 반드시 정해야 하는데 그러지 않으면 작심삼일로 늘어지기 쉽다.

그렇게 저자가 되고 나면 해당 주제로 다양한 활동을 하게 될 것이며, 다른 많은 저자와 친분을 쌓으며 교류할 기회가 생겨날 것이다. 그것이 다양한 분야에 대한 관심과 흥미로 이어지고 더 넓은 책의 세계로 이끌어줄 것이다.

이처럼 책을 쓰겠다는 목표보다 더 부지런히 책을 읽으며 공부하게 해주는 셀프 동기부여 방법도 없다. 그 과정에서 차곡차곡 쌓이는 방대한 지식은 덤이다.

적성만 찾으면 필요한 재능은 스스로 갖춘다

준이의 유튜브 영상, 방송, 광고 촬영을 위해 따라다니면서 나는 아이의 새로운 재능을 많이 발견했다. 방송할 때면 집중력이 아주 높아진다는 점 이외에도 센스와 순발력이 뛰어났다. 그러면서 주제에 벗어나지 않게 말도 잘했다.

아이가 유튜브를 하면 좋은 장점 중 하나는 글쓰기가 된다는 것이다. 자신이 직접 원고를 쓰고 고치면서 글 쓰는 실력과 말하는 실력이 늘어나고, 여기에 전달력과 설득력 있는 연설 실력까지 생겨난다. 특히 유튜브 채널들은 아이를 많이 발전시켰다.

본인이 하고 싶은 일을 하는 것이니 준이에게는 없는 줄 알았던 집중력이 자연스레 발휘된다. 책상에 앉아서 오래도록 원고 작업을 할 뿐만 아니라 촬영할 때도 발음이 부정확하거나 잘못된 부분을 발견하면 시간이 가는 줄 모른 채 반복적으로 촬영한다. 좀처럼 가만히 앉아 있지 못하는 아이가 엉덩이를 붙인 채 4시간을 꼬박 촬영하는 모습을 보고, 이게 아이의 적성이구나 싶었다. 자기 적성에 맞는 일을 하면 그 일에 필요한 재능을 스스로 갖추게 되는 것 같다.

아이가 스스로 공부하고 싶게 만드는 방법

준이는 열 살 무렵에 스마트폰 게임에 빠져 있었다. 게임 아이템들까지 돈으로 사고 싶어서 안달했다. 나는 그런 준이의 생각을 바꿔주려고 슬쩍 물어봤다.

"이렇게 재미있는 게임을 과연 누가 만들었을까?"

그러고는 게임 회사 대표가 그 게임을 발명한 스토리를 재미있게 들려줬다. 성공한 CEO의 모습도 인터넷으로 찾아서 보여주며 이렇게 좋아하는 게임을 너도 만들 수 있다고 북돋웠다.

그러고는 실제로 게임을 만드는 사람을 직접 만나러 갔다. 마침 유명 게임사의 창립 멤버가 사촌 오빠였다. 게임 회사를 어떻게 창업하게 됐는지, 게임은 어떻게 만들어지는지, 게임 회사는 어떻게 운영되는지 등에 대해 생생하게 듣도록 하고, 직접 질문도 해보도록 했다.

"우와, 진짜요?"

준이는 외당숙과의 대화에 쏙 빠져버렸다.

"어떻게 하면 게임을 만들 수 있나요?"

"게임을 만들려면 수학은 기본으로 잘해야 해. 모든 동작은 각도로 이루어져 있거든. 그리고 해외 업체와 협업하려면 영어가 필수지."

아이는 고개를 끄덕거리며 "네!" 하고 대답도 시원하게 했다.

그러다 문득 궁금해졌는지 또 물었다.

"그런데 삼촌이랑 대표님은 어느 학교를 나오셨어요?"

"우리는 ○○대 선후배 사이야. 대학 시절에 창업했지."

"아하! 그럼 저도 ○○대에 가면 되겠군요!"

현재 그 게임사 CEO는 서울에서 다양한 사업체를 운영하여 자산을 엄청나게 일구었다고 한다. 나는 아이를 차에 태우고 그 게임사의 빌딩들을 찾아다니면서 눈으로 직접 목격하도록 했다. 그리고 성공한 너의 미래를 상상해보라고 기쁨에 찬 목소리를 내었다.

“준아, 상상해봐. 네가 새로운 게임을 만들어서 이렇게 성공한 회사의 멋진 CEO라고.”

아이의 눈이 반짝반짝 빛났다.

“게임을 그냥 하지는 마. 어떻게 이토록 재미있게 만들었을까 생각하면서 플레이해봐. 게임을 하는 동안에는 게임에 몰입해서 온몸으로 재미를 느끼고 그 재미를 분석하는 거야. 아이템을 사고 싶을 때도 네가 구매하려는 포인트가 도대체 무엇인지를 집중적으로 생각해보는 거지. 그게 바로 게임 회사가 돈을 버는 핵심 포인트니까.”

나는 아이가 자신도 큰 인물이 될 수 있다는 자신감을 갖도록 하는 데 많은 노력을 기울인다.

“준아, 지금 너는 스마트폰 게임을 좋아하는 평범한 소년이지만, 너도 나중에 모두가 좋아하는 게임을 만들어서 세계의 수많은 사람에게 행복과 즐거움을 줄 수 있어. 그리고 이렇게 크게 성공한 사람들이 우리 주변 가까이에 있다는 것을 잊지 마. 생각해봐, 준아. 글로벌 게임 회사 권준 회장님, 너무 멋지다.”

“좋아요. 저는 게임 회사 회장이 될 거예요.”

준이는 이렇게 수학과 영어를 공부할 필요성을 찾았다. 아이의 공부에 너무 초조해할 것 없다. 아이에게 이루고 싶은 꿈이 생기면 아이는 제 필요에 따라서 스스로 공부도 하고 싶어 한다. 부모는 아이가 꿈을 갖도록 계기를 만들어주면 된다.

공룡 머리 장갑을 이용해
공룡을 맞닥뜨린 장면을
시범으로 연출해 보이는 중

화려한 코스프레 의상을
더하자 카트장의 활기가
새롭게 살아났다.

자기 돈으로 주식 투자를
시작한 후 스스로
경제 공부를 하기 시작한 준이

하교 후에는 자신이 하고 싶은
일로 꿈을 키우며
자유 시간을 만끽한다.

Chapter 6

성장하는 부모,
더 성장하는 아이

아이의 미래를 위해 함께 공부하라

새로운 세계로 두려움 없이 들어가라

미래에 무슨 일이 벌어질지, 세상이 어떻게 변할지 알 수가 없다. 그래서 나는 매일 공부한다. 화장할 때도, 설거지할 때도, 운전할 때도 뉴스나 그와 관련된 영상을 틀어놓는다. 어떤 키워드가 반복적으로 언급되면 그 키워드를 공부하고 준이와 얘기한다.

"금리가 오르니까 주가가 떨어졌어. 너는 어떻게 생각하니?"

가령 이런 식이다. 아이와 차를 타고 가는 도중이나 같이 사과 한 쪽을 먹는 자투리 시간을 이용하여 다소 무거운 주제에 대해서라도 즐거운 대화를 통해 서로 가볍게 나눈다. 〈주니와우몰〉 역시 이런 대화 끝에 나온 아이디어라고도 할 수 있다.

요즘 뉴스마다 '메타버스'에 대해 거론했다. 곧 메타버스 시대가 도래하리라는 것이다. '메타버스Metaverse'는 '가상, 초월'을 의미하는 '메타Meta'와 '우주'를 뜻하는 '유니버스Universe'의 합성어로, 우리가 익숙하게 알고 있는 단순 가상현실보다 더욱 진보된 삼차원 가상 세계를 뜻한다.

나는 준이와 이 이야기를 하고 싶었다.

"엄마가 진짜 재미있는 유튜브 영상을 봤어."

"뭔데요?"

"메타버스에 대한 영상인데 너도 그런 말을 들어본 적 있니?"

"아니요."

"벌써 이걸로 돈을 버는 사람들이 있대. 너도 한번 타볼래? 우리 같이 타볼까? 근데 이건 진짜 타는 버스는 아니야."

이렇게 관심을 유도한 후 "아, 그래요? 메타버스가 뭔데요?"라고 관심을 보이면 내가 본 유튜브 영상을 알려준다.

"세상이 달라지고 있어. 네가 이런 메타버스 플랫폼을 만들 수도 있고, 아니면 네가 게임을 좋아하고 잘하기도 하니까 기존 메타버스 플랫폼을 기반으로 가상현실 게임을 직접 만들어서 팔아보면 어때?"

새로운 정보가 있으면 자연스럽게 아이와 공유하고 아이의 관심을 재미있게 이끌어보자. 준이는 그날로 '로블록스ROBLOX'에 들어가서 게임 만드는 툴을 이용해 늦은 밤까지 게임을 하나 만들었다. 아직 자기 뜻대로 잘 구현되는 단계까지 만들어내지는 못하지만, 일단 낯선 것에 대한 두려움 없이 시작했다는 자체에 의미가 있다. 나는 그런 아이의 모습도 촬영해 기록으로 남겼다.

부모도 공부하지 않으면 안 된다

부모가 새로운 것을 알지 못하면 아이에게 지적인 자극을 줄 수 없다. 우리는 현재 오프라인 사업을 중심으로 하고 있지만, 머지않아 메타버스에서도 성읍랜드를 운영하게 될지 모른다. 오프라인 사업만으로 버티기 힘든 시대가 왔다는 것은 이제 현실이다.

준이 세대에는 새로운 시대에 맞는 새로운 사업을 하는 것이 옳다고 생각한다. 큰 자본을 들이지 않고 디지털 세계와 접목할 수 있는 사업을 해야 한다. 메타버스에서 준이가 물건을 판매하거나, 강연 혹은 노래를 할 수도 있다. 우리 레저 체험장이 메타버스에서 새롭게 오픈한다면 더 이상 단순히 말이나 카트나 ATV만 타는 곳이 아닐 것이다. 세상 모든 레저를 체험할 수 있는 곳일 것이다. 거기에는 강연도 콘서트도 포함할 수 있으리라.

메타버스에는 세계인이 전부 다 모여든다는 강점이 있다. 그래서 메타버스는 무한히 확장될 수밖에 없고, 고객의 범위도 기존과는 차원이 달라진다. 부모부터 기존 시각에 갇혀서 새로운 것을 두려워하거나 의심하지 말고 새로운 세계로 들어가봐야 한다. 그래야 새 시대에 뒤처지지 않고 내 아이도 미래를 향해 성공적으로 이끌 수 있다. 최소한 새로운 키워드가 떠오르면 그게 무엇인지 찾아보고 앞으로 내 아이가 살아갈 시대를 파악해야 한다.

지금은 자신에게 필요한 정보를 쉽고 다양한 방식으로 얻을 수 있는 세상이다. 유튜브에서 즐거움만 얻으려는 사람도 있지만 전문 지식을 얻어가는 사람도 아주 많다. 메타버스, 화폐가치 하락과 부동산, 주식, 기축통화, 탈중앙화 금융, 암호화폐 등 경제·금융 전문가들은 지구 구석구석에서 새로운 혁명이 일어날 것을 예고하면서 공부하지 않고 가만있다가는 곧 곡소리밖에 낼 게 없으리라고 경고한다.

이런 세계의 움직임과 경제적 변화에 무관심한 채 주입식 입시 공부에만 매달리는 아이들은 급변하는 세상 속에서 어떻게 되는 것일까? 부모와는 현저히 다른 세상을 살아가야 할 아이들을 위해 부모가 먼저 새로운 미래에 대해 공부하고 아이와 토론하며 함께 준비해가야 한다.

아이의 미래를 만드는 하루 한 가지 법칙

나는 스무 살 이후에 내가 도달하고 싶었던 목표를 대부분 다 이루었다. 이것이 가능했던 비법이 있다. 바로 '하루 한 가지 법칙'이다. 이 방법은 스무 살 때부터 지금까지 내 삶을 발전시키는 데 아주 효과적이었다. 그야말로 성공의 마법이라고나 할까.

1. 미래의 성공한 나를 떠올린다.
2. 성공한 나의 위치와 나를 둘러싼 환경(상상만으로도 입가에 미소가 가득해지고 심장이 두근거릴 정도로 아주 멋진 나의 모습)을 구체적으로 상상한다.
3. 그런 미래의 내가 되기 위해 하루에 한 가지씩 날마다 꾸준히 실천한다.
4. 머지않아 마법 같은 일이 생기기 시작한다.
5. 날마다 작은 성취감이 쌓여서 어려운 일에도 망설임 없이 도전할 수 있는 저력의 토대가 되어준다.
6. 큰 성취감이 모여서 '지금의 나'를 내가 상상한 '미래의 나'와 일치시켜준다. 바로 그것이 성공이다!

나는 이 마법을 열 살 준이에게도 적용했다.

1. 하루 한 가지씩 크고 작은 발전적 일을 날마다 시도하기
2. 매일 하루를 마치면서 식탁에 마주 앉아 오늘은 어떤 일을 시도했는지, 어떤 결과를 얻었는지 서로 얘기하며 칭찬하고 응원해주기

준이에게도 습관화한 이 방법은 오늘날의 준이를 만드는 데 아주 큰 도

움이 되었다. 가령 미니카 판매가 부진할 때 판매 진열을 바꾼다든지, 미니카 만들기 체험장을 연다든지, 미니카 경기장을 만든다든지 하면서 작은 아이디어들을 떠올리고 하나씩 시도하여 결국 성공시킨 것도 '하루 한 가지 법칙'을 습관화한 덕분이다. '하루 한 가지 법칙'은 지금까지 현재의 준이가 이룬 모든 일을 가능하게 해줬고, 앞으로 미래의 준이가 이룰 모든 일도 가능하게 해줄 것이다.

중요한 점은 이 법칙을 매일매일 실천하는 것이다. 그런데 이렇게 실천하기가 생각보다 무지 어렵다. 아이에게만 실천하도록 강요하면 작심삼일로 흐지부지되거나 반발할지 모른다. 부모도 같이 실천하여 매일 밤 아이와 함께 그날그날의 시도와 성과에 대해 칭찬하고 응원해주는 것으로 하루를 마감하면 서로의 실천 의지를 이어갈 수 있다. 아무리 사소한 시도여도 이런 도전들이 날마다 쌓이면 아이의 내공으로 차곡차곡 다져져 언젠가 가공할 위력을 발휘할 것이다.

아이를
꿈의 현장 한가운데로

책상보다
부모의 일터

성읍랜드는 가족 단위 손님이 많고 어린이가 주요 고객인 사업이기 때문에 우리 사업장에 대해 준이가 아이의 눈으로 솔직하게 들려주는 평가가 굉장히 많은 도움이 되었다. 과자 한 봉지라도 준이한테 손을 뻗어보게 해서 어린이의 손이 닿는 자리에 진열하려고 신경을 썼으며, 아이의 눈높이에 보이는 과자들은 특히 더 신중하게 골랐다. 세면대나 급수대의 높이도 아이와 어른이 다르듯이, 말 울타리를 설계할 때도 말에게 당근을 주는 아이의 손 높이까지 고려했다.

카트장의 카트도 준이가 제일 먼저 타보고 새로운 ATV 코스도 준이가 먼저 둘러본 후에 '어린이의 눈'으로 소감을 말해줬다. 어른이 지나치는 것을 아이의 시선은 잡아내기도 한다. 새로 만든 ATV 코스를 돌아봤을 때는 준이가 코스 자체에 대한 이야기가 아니라 엉뚱한 이야기를 꺼냈다.

"노루 가족이 나와서 정말 재미있었어요."

아이가 재미를 느끼는 요소가 어른과 다른 것이다. 나는 ATV 코스 안내도에 '노루 가족 서식지'라고 써넣었다. ATV 코스에 대한 콘텐츠가 풍성해진 것이다. 준이는 자기 의견이 부모의 사업 현장에 실제로 반영되는 것을 아주 뿌듯해했다.

여러 번 얘기했지만, 나는 준이를 우리 사업장뿐만 아니라 내가 업무차 다니는 다른 곳에도 시간이 될 때마다 데리고 다닌다. 거래처를 시작으로 세무사 사무실, 부동산 중개업소, 건축사 사무소 등에도 함께 동행한다. 가령 부동산 매물을 둘러보러 다닐 때도, 그 매물을 계약할 때도 동참시켜 준이와 함께 보고 들으면서 아이의 의견을 물어본다. 비즈니스 모의 훈련처럼 현장에서 직접 보고 듣는 것들이 아이에게는 생생한 세상 공부가 되기 때문이다. 나는 준이를 나의 사업 파트너로 존중한다.

준이는 어려서부터 나와 정보를 나누고 의견을 주고받는 대화에 익숙하다. 어린아이라 모를 거라는 지레짐작으로 아이를 그냥 앉혀놓은 채 구경만 시키지 않았다. 내 사업이 이루어지는 각종 현장에 적극적으로 참여시키고, 자기 의견을 자유롭게 얘기하도록 이끌고, 좋은 의견이라면 바로 칭찬하고 반영해준다. 이렇게 존중받는 아이는 비즈니스 현장에서 자신이 인정받고 있음을 체감하니 자신감이 붙어서 비즈니스에 관심이 커지는 것은 당연한 일이다.

또래 아이들은 잘 모르는 금융, 부동산, 세금 등의 관련 업무에 준이는 이미 어느 정도 학습되어 있다. 부모가 비즈니스를 하고 자산을 키우면서 살아가는 현장이 아이에게는 살아 있는 교육장인 셈이다. 백 마디 말보다 현장에 직접 참여시키는 것이 교육적으로도 엄청난 효과를 발휘한다.

책 읽기만 강요하지 말고 함께 떠나보기

내가 아이를 공부시키는 방식은 그 현장에 직접 데려가는 것이다. 독서가 중요하다는 것을 부인하지 않고, 아이 스스로 자신에게 필요한 책을 찾게 만드는 방법도 앞에서 얘기했지만, 그래도 독서만 강조하면서 책만 안기는 것은 너무 전근대적인 방식이다.

준이는 일곱 살 때 디즈니 애니메이션과 그림책을 좋아했다. 나는 월트 디즈니Walt Disney가 누구인지, 그가 애니메이션으로 어떻게 성공 신화를 썼는지 그에 대한 책을 읽어주고 아이가 그의 숨결과 발자취를 직접 느낄 수 있도록 미국행 비행기에 함께 올랐다. 디즈니랜드를 찾아가서 입구에서부터 디즈니의 명언들을 한 줄 한 줄 읽어주며 디즈니랜드가 만들어지던 매 순간을 생생하게 상상하도록 했다.

준이에게 금융 교육이 필요할 때는 내가 은행 업무를 볼 때 데리고 다냈다. 대한민국을 넘어서 세계 경제가 어떻게 움직이고 있는지 그 현장을 직접 보여주고 싶어서 준이가 아홉 살 때 세계 경제의 꽃이라는 미국 뉴욕의 월스트리트에도 데려갔다. 월스트리트에 가기 하루 전에는 어떻게 이 거리가 세계 경제의 중심지 역할을 하는지 관련 자료를 읽어주고 여러 사진을 보여주며 이런 곳도 있다는 관심을 갖도록 했다.

"준아, 여기가 세계 경제를 움직이는 곳이야. 세상의 모든 돈이 이곳을 중심으로 흐르지. 사진으로만 보다가 직접 보니까 더 멋있지?"

월스트리트가 어떤 곳인지 엄마의 설명을 통해 미리 정보를 얻었기 때문에 아이는 그곳에서 느끼는 감동이 남다른 듯했다. 이곳저곳을 유심히 살피기도 하고, 지나가는 사람들을 바라보면서 혹시 저 사람이 어제 엄마가 들려준 대로 세계 경제를 움직이는 사람들 중 하나가 아닐까 상상하기도 했다.

"준아, 상상해봐. 세계 경제의 중심지에서 네가 멋지게 성공한 모습을. 너는 뭐든 할 수 있으니까 꿈을 크게 가져봐."

몇 달 전, 냉장고 앞에 붙여둔 사진을 유심히 보면서 준이가 물었다.

"엄마, 월스트리트 사람들도 저를 알까요?"

"그럼! 로이터통신에서 두 번이나 보도했으니까 '오~ 한국에는 이런 아이가 있군!' 하고 알 수도 있겠지."

준이는 월스트리트의 뉴욕증권거래소 앞에서 찍은 아홉 살 자기 사진을 들여다보며 흐뭇한 미소를 지었다.

또한 언젠가 준이에게 미겔 데 세르반테스Miguel de Cervantes의 『돈키호테』를 읽어주고 나서 스페인 라만차의 돈키호테 풍차 마을을 찾아갔다. 유명한 고전의 무대인데 인기 여행지가 아닌지, 아니면 관광 비수기인지 안타깝게도 썰렁했다.

"사람이 너무 없어서 마음이 아프다. 이렇게 멋진데. 이곳을 더 활성화할 수는 없을까?"

언덕 위 풍차 그늘에 앉아서 그림 속 풍경처럼 예쁜 마을을 내려다보는 동안, 준이와 나는 우리라면 어떻게 이 마을을 발전시켰을까에 관하여 많은 이야기를 나누었다.

사업 아이디어를 얻는 데 여행은 좋은 공부가 된다. 가족 여행을 위해 나는 6개월짜리 적금을 들어둔다. 만기가 될 때마다 세계 어딘가로 여행을 떠났다. 나에게는 세상을 돌아보는 것 자체가 아주 중요한 출장이기 때문이다.

온 가족이 지도 한 장을 들고 유럽 소도시를 렌터카로 여행한 적이 있다. 길을 잘못 들어서 골목을 헤매며 누비고 다녔다. 유럽의 유명 관광지는 물론 소도시들을 여행하면서 크고 작은 미술관 및 박물관, 아기자기한 소품 가게, 사람들을 매혹하는 그곳만의 색다른 랜드마크 등을 통해 안목과 시야를 넓히는 것이다. 준이는 세 살 때부터 이렇게 세상 구경을 하다 보니 지금까지 10개국, 나는 40개국 정도를 다녀왔다.

아이의 멘토나 롤모델이 아이에게 끼치는 영향력

아이에게 꿈이 생기면 아이가 꿈꾸는 일이나 직업에 대한 정보는 기본적으로 부모가 제공하지만, 부모도 자신이 아는 수준에서만 전달할 수 있을 뿐이다. 그래서 나는 아이의 손을 잡고서 그 길을 먼저 걸어본 성공한 전문가를 직접 찾아간다. 궁금한 것들도 아이에게 직접 물어보도록 한다.

어떻게 하면 아이의 멘토를 찾을 수 있을지 궁금할 텐데, 적극적으로 찾아보면 된다. 강연이나 행사에 참여 신청을 하여 찾아갈 수도 있고, 아이의 꿈과 관련된 수업을 찾아서 수강 신청을 할 수도 있으며, 지인의 소개를 받아서 만날 수도 있다. 일단 부모가 조금이라도 아이의 멘토가 될 만한 전문가를 찾고자 노력하면 머지않아 기회가 생겨난다.

여덟 살 때 준이는 로봇에 빠져서 로봇 공학자가 되는 것이 꿈이었다. 어떻게 하면 로봇을 만들 수 있을까에 대해 아이와 대화를 나누었다. 하지만 사실 나는 로봇에 대해 잘 모르기에 곧 로봇 전문가를 물색하기 시작했다. 우연히 서울의 어느 강연장에 가게 됐는데 때마침 그날의 강연자로 로봇 박사가 나왔다. 특유의 유쾌함이 가득했던 강연은 나에게 큰 감동을 주었다. 나는 그날 준이의 로봇 공학자 멘토를 데니스 홍 박사님으로 정했다.

제주도로 돌아온 나는 데니스 홍 박사님의 사진과 기사, 강연 영상 등을 여덟 살 아이한테 보여주면서 너도 이렇게 할 수 있다고 희망을 갖게 했다. 간절히 원하면 이루어진다더니, 신기하게도 박사님이 내가 진행을 맡고 있던 대학교의 강연 수업에 초청되어 직접 만날 수 있는 기회가 찾아왔다. 박사님의 팬인 준이는 그날 학교에서 조퇴하고 박사님의 강연을 듣기 위해 대학 강의실을 찾았다.

강연이 끝나고 나서 준이는 꿈에 그리던 박사님을 직접 맞대면해 대화하는 시간을 따로 가질 수 있었다. 준이 또래의 아들이 있었던 박사님은 제자가 되고 싶다고 말하는 준이와의 대화를 너무나 재미있게 이끌었다.

"준아, 이다음에 미국에 오면 우리 로봇 연구실에 놀러 와. 연구실도 구경시켜주고, 우리 학교 앞에 있는 햄버거 맛집에서 햄버거도 사줄게. 알았지? 꼭 놀러 오렴."

너무 좋아서 볼이 빨개진 준이는 박사님의 제자가 되어서 같이 로봇을 연구하는 자신의 모습을 상상하며 행복해했다. 아이의 멘토나 롤모델의 작은 칭찬과 조언도 아이에게는 큰 동기부여가 된다.

선배에게서 듣는 꿈의 지름길

준이의 유튜브 채널 〈쭈니맨〉의 성공도 선배 유튜버들의 현실적인 조언 덕이 컸다. 앞에서도 얘기했지만, 오랜 시간 노력해도 별 반응을 이끌어내지 못하는 준이의 유튜브 채널에 무슨 문제점이 있는지 찾기 위해 우리는 선배들을 만나러 다녔다.

"제 채널의 무엇이 문제일까요? 정말 최선을 다해 촬영했는데도 구독자가 안 늘어요. 제가 뭘 어떻게 해야 할까요?"

열심히 조언을 구했다. 준이의 간절함 앞에서 선배들은 콘텐츠의 힘, 콘셉트의 중요성, 섬네일의 효과, 시선을 집중시키는 멘트와 자막, 유용한 촬영 요령 등 실질적인 꿀팁을 엄청나게 귀띔해줬다. 잘 모르면 혼자 끙끙대다가 포기하기 쉽다. 그러기보다 내가 잘 모르는 그 길을 먼저 걸어서 결국 성공한 선배들을 찾아가 지름길을 배우는 것이 수많은 시행착오를 줄일 수 있는 가장 좋은 방법이다.

개그맨이 되고 싶은 준이가 지금부터 개그맨 시험을 준비하겠다면서 혼자 콩트를 짜서 맹렬히 연습하던 때가 있었다. 그런 아들의 모습을 보면서 뭔가 부족하다고 느낀 나는 생동감 넘치는 현장을 준이에게 직접 보여주고 싶었다. 우선 나는 아이가 좋아하는 개그 프로그램을 방청할 수 있는 방법을 적극적으로 수소문했다. 무슨 일이든 간절하게 노력하면 결실을 맺는 법이다. 마침내 우리는 개그 녹화 현장에 초대받았다.

바로 학교에 체험 학습 신청서를 제출한 후 비행기를 타고 서울로 올라갔다. 방송국의 엄청난 규모에 놀란 준이는 언제 이곳에 또 오겠느냐며 영광이라고 입구에서부터 기념사진을 촬영하느라 바빴다. 우리는 TV에서만 보던 무대를 눈앞에서 직접 볼 수 있었다. 무대 위에서 개그맨들이 어떻게 연기하고 행동하는지 하나하나 뜯어보면서 준이는 한시도 눈을 떼지 못했다.

"우리 준이도 무대에 올라가면 정말 잘할 텐데…… 우리도 열심히 준비해보자. 네가 저 무대 위에 있다고 상상해봐. 생각만 해도 벌써부터 신난다. 너는 분명 대한민국 최고의 개그맨이 될 거야. 엄마는 알아."

어느 날 갑자기 흑돼지 사장님한테 연락이 왔다. 저녁 7시에 ○○식당으로 나오라는 전화였다. 준이의 꿈이 개그맨, 예능 방송인인 것을 아는 사장님은 유명한 개그맨인 김병만이 그곳에 온다고 연락한 것이었다. 사장님이 준이를 위해 특별히 마음을 써주신 것이다. 우리는 신나게 달려갔다. 사장님이 준이를 소개했다.

"우리 조카가 개그맨이 꿈인데, 우리 돼지고기도 잘 팔고 아주 재능이 많아요."

사장님과 김병만은 오랜 인연으로 각별한 사이라고 했다. 그 자리에서 준이는 개그맨 선배님에게서 정말 소중한 조언을 많이 들었다.

연예인에게도 인성이 가장 중요하다는 것, 연기는 사람의 심리를 잘 알아야 더욱 깊어지고 풍성해지는 만큼 연극 동아리 활동뿐만 아니라 심리학 공부도 해두라는 것, 연예 기획사에 들어가기 적합한 시기와 소속 계약을 할 때 주의해야 할 사항까지 실제적인 조언이 세세하게 쏟아졌다.

그러고는 그런 이야기 끝에 문득 그러셨다.

"그런데 너 진짜 잘되겠는데?"

개그맨 선배님의 따뜻한 조언과 응원에 준이는 깊은 감동을 받았다.

지금 제가 무엇을 해야 할까요?

준이는 멘토들을 만나면 꼭 묻는다.

"삼촌이 제 나이라면 무엇을 하시겠어요?"

개그맨 선배님은 이렇게 대답했다.

"내가 네 나이라면 열심히 공부를 하겠어. 반장이나 회장도 적극적으로 나서서 맡고 말이야. 프로그램을 이끌어나가기 위해서는 누구를 만나도 바로 포용할 수 있는 리더십이 아주 중요하거든. 그리고 방송반이나 연극반 활동은 꾸준히 했으면 해. 개그도 결국 연기거든."

데니스 홍 박사님은 그런 준이의 질문에 로봇 공학자가 되려면 수학이 꼭 필요하다면서 지금부터 수학과 영어를 필수적으로 열심히 공부하라고 격려했다. 유학은 자기 판단으로 꼭 가야겠다 싶을 때 가는 것이 옳고, 늦게 가도 괜찮다면서 유학에 관해서까지 조언했다.

어느 날, 성읍랜드에 촬영하러 온 어느 아이돌 가수와 준이가 이야기를 나눌 기회가 생겼다.

"형은 어떻게 아이돌이 됐어요?"

"형은 오디션을 진짜 많이 봤어. 내가 지방 출신이거든."

"저도 제주도에서 어떻게 해야 할지 모르겠어요."

"오디션에 붙을 때까지 계속 도전해봐. 중간에 포기하지 말고. 그런데 곧 너랑 나랑 서울에서 만날 것 같은데. 우리 서울 방송국에서 꼭 만나자. 알았지?"

두 사람은 두 손을 꼭 맞잡고 약속했다.

어린 준이의 꿈은 수시로 바뀌고 관심 분야가 정말 다양하다. 그래도 그럴 때마다 아들의 꿈을 응원해주고 다양한 분야의 선배들을 직접 찾아가서 조언을 구한다.

혼자 조용히 꿈꾸기보다 세상에 내 꿈을 널리 알리면 그 꿈에 도달하는 지름길을 알려주는 고마운 사람들이 생겨나기 때문이다.

멈추지 말고,
꿈꾸고 상상할 것

앞에서도 잠깐 얘기한 적이 있지만, 개그 프로그램 녹화 현장에 아이를 데려간 것처럼 나는 성읍랜드에 방송 촬영팀이 오면 준이를 항상 데리고 다녔다. 촬영 현장을 보는 것만으로도 방송 현장감을 익힐 수 있어서 큰 도움이 되는 데다가 무엇보다 다양한 세상이 있다는 것을 보여주고 싶었다.

내가 촬영하는 데 지극정성으로 협조하면 촬영팀도 고마워하면서 감독님들이 준이를 옆에 앉혀놓고 촬영에 관해 이런저런 설명을 해주신다. 아이가 꿈이 있다고 방송 현장을 기웃거리는 모습이 귀여워 보였나 보다.

한번은 성읍랜드에서 드라마 촬영을 했다. 촬영이 늦어져서 우리도 밥차에서 밥을 먹게 됐다. 이런 경험조차 정말 신기했다.

"밥차라니 너무 재미있다. 우와, 맛있기까지? 나중에 우리 준이도 촬영하면서 이렇게 밥차에서 밥을 먹는 것 아니야? 생각만으로도 너무 신난다. 그때 꼭 엄마를 불러줘야 해."

우연한 기회에 맛보게 된 밥차의 밥도 그냥 먹기만 하지 않는다. 나중에 준이가 배우로 성공해 먹는 모습을 상상해보도록 생생한 소품으로 이용한다.

그날 배우들, 드라마 감독님과 사진을 찍더니 준이가 말했다.

"엄마, 나도 드라마를 찍고 싶어요."

"좋지. 네가 하고 싶은 것은 다 해. 우리 할리우드로 진출해볼까?"

나는 아들의 꿈 매니저를 자처하기에 아이가 어떤 꿈을 꾸든 늘 곁에서 힘이 되어주려 응원한다.

아이는 기다려주면 스스로를 증명한다

아이 가슴속에 남은 '배려'라는 상처

초등 저학년 때 준이는 다른 사람들을 즐겁게 웃기고 싶어 하는 마음이 앞서서 다분한 끼로 한시도 가만있지 않았다. 만난 지 얼마 되지도 않은 과외 상담 선생님에게서 ADHD 검사를 받아보는 게 좋겠다는 염려를 들을 정도로, 준이는 정말 못 말리는 개구쟁이였다. 중학생이 된 지금은 언제 그랬느냐는 듯 점잖기만 한데 말이다.

지난겨울, 초등학교 졸업식을 마치고 교문을 나서는 준이에게 내가 물었다.

"좀 아쉽지는 않니?"

"전혀요. 저는 한시라도 빨리 벗어나고 싶었어요."

발랄하기만 한 것 같은 준이한테도 사실 초등학교 시절의 상처가 있었다. 벌써 오래전 일이어서 지금까지 상처로 남아 있을 줄은 미처 몰랐다. 그때 내가 극성이라도 떨었어야 했나 싶어서 바쁘게 내 일만 한 것 같은 나 자신을 잠시 자책했다.

준이는 '배려'라는 단어를 입에 올리기 힘들어한다. 아이의 상처와 관련된 단어이기 때문이다. 초등 저학년 때 담임선생님이 학기 초에 아이들끼리 얼른 친해지라고 별명을 지어 부르게 시켰다. 별명은 자기 스스로 짓도록 했는데 아이들은 자기 희망 사항을 별명에 담았다. "나는 발레리나 다미야. 나는 태권 훈이야" 하는 식이었다. 준이 차례가 되었다. 아이는 그때 축구에 빠져 있었다. 축구를 잘하고 싶었던 준이가 말했다.

"나는 슈팅 준이야."

상처 입은 아이가 보여준 진정한 배려

그러자 비난이 일었다. 다른 친구가 먼저 축구와 관련된 별명을 지었기 때문이다. 단어 자체가 다르기 때문에 서로 겹치지 않으니 준이는 괜찮을 것이라고 생각했다.

그런데 선생님은 이렇게 단호히 말씀하셨다.

"준아, 너는 왜 이렇게 배려가 없니? 친구들을 배려해야지. 너는 별명을 '배려 준'으로 하면 되겠다."

남을 잘 배려해서 붙은 별명이라면 준이도 즐거웠을 것이다. 그러나 다른 아이들은 모두 자신이 잘하거나 잘하고 싶은 것으로 별명을 만든 것과 달리, 준이는 단점이 별명으로 붙은 결과가 되고 말았다.

자기 별명이 불릴 때마다 준이는 배려가 부족한 사람으로 유명해지는 기분이었다. 아이들은 그때부터 1년 동안 준이를 '배려 준'이라 불렀고, '배려'라는 단어를 들을 때마다 속상했던 준이는 결국 친구들과 갈등했다. 준이에게는 아주 힘든 시간이었다.

준이는 아직도 그때를 떠올리면 눈가가 젖는다. 그때부터 '배려'라는 단어는 준이에게 뜨거운 감자가 되었다.

코로나로 관광객이 줄고 성읍랜드를 열 수도 없는 날이 길어지면서 사업장 경영에도 큰 차질이 생겼는데, 다행이라면 그 덕분에 온라인 쇼핑몰인 〈주니와우몰〉을 시작하게 된 것이다. 처음에는 별로 수익이 나지 않았지만 제주 흑돼지로 조금씩 수익이 불어났고, 준이는 초록우산 어린이재단을 통해 제주도의 보육 기관에 '사랑의 돼지고기'를 기부했다.

배려가 부족하다고 '배려 준'으로 불리던 준이가 기부를 한 것이다. 준이는 배려심이 없는 아이가 아니다. 돼지고기를 전달받은 보육 기관에서 "너무 맛있게 먹었다. 정말 고맙다"라는 메시지를 보내왔고, 준이의 볼은 기쁨과 뿌듯함으로 상기했다. 기부의 기쁨을 안 준이는 첫 기부를 시작으로 〈쭈니맨〉 유튜브 수익금도 기부했으며, 앞으로도 자신이 갖가지 경제활동을 통해 벌어들이는 만큼 기부를 이어갈 것이다. 이것이 준이가 행동으로 보여주는 배려다.

비 온 뒤에 땅은 더 단단해진다

제주도에서 아이로서는 유명 인사가 된 것인지 준이가 여러 방송에 출연하게 됐다. 최근에는 한 제주방송국 프로그램에 청소년 패널로 출연했다. 계곡의 환경 정화 기능에 대해 강연하는 프로그램이었다. 물이 흐르지 않는 계곡도 자연과 인간의 심신을 정화하는 데 훌륭한 기능을 한다는 내용이었다.

준이에게 환경 문제에 대한 관심을 불러일으킬 수 있는 좋은 계기가 될 듯했다. 준이의 생각이 자신 같은 미래 세대가 살아갈 환경 문제에까지 확장돼야 안전한 지구에서 인간은 물론이고 동식물과 더불어 건강하게 살아갈 수 있다. 환경운동가 그레타 툰베리Greta Thunberg도 10대가 아닌가.

마치 준이가 훌륭한 식견과 자질을 두루 갖춘 청년으로 성장하도록 제주 전체가 아이에게 관심을 가지고 도와주는 것 같다는 생각을 혼자 했다. 그런 생각만으로도 기분이 좋았는데 끝끝내 준이는 내 콧날을 시큰하게 만들었다. 강연을 마무리하면서 강연자가 패널들에게 소감을 물었을 때였다.

두 명의 어른 패널 사이에 앉아 있던 준이가 말했다.

"이제는 인간이 자연에게 배려해야 한다고 생각해요."

준이의 입에서 '배려'라는 단어가 자연스럽게 나오다니……. 준이는 상처를 멋지게 극복하고 이만큼 성장한 것이다.

스페인 라만차의
돈키호테 풍차 마을에서

디즈니랜드의 성공 포인트를
직접 느끼고 둘러보러
미국 디즈니랜드로 출장~

ATV 코스를
직접 돌아보는 중

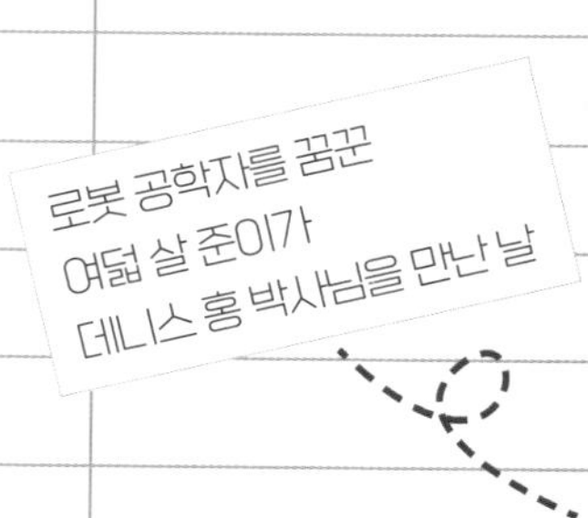
로봇 공학자를 꿈꾼
여덟 살 준이가
데니스 홍 박사님을 만난 날

에필로그

첫 서핑에 나선 아이를 바라보며

넓은 제주 바다…….

인생은 끝이 없는 망망대해를 건너는 것과 같다. 세상에 태어난 이상 혈혈단신으로 그 바다를 건너야 한다. 외롭고 힘들지만 그게 인생이다.

아이가 홀로 바다로 들어간다. 나는 모래사장에 앉아서 그런 아이의 뒷모습을 가만히 바라본다. 처음 배우는 서핑이라 다른 집에서는 부모까지 매달려서 아이의 서핑 보드를 잡아주고 밀어주고 끌어주고, 모두 열심이다.

나는 그냥 멀리서 오래도록 지켜보기만 한다. 아이는 엎어지고 또 엎어진다. 숱한 시도 끝에 어느 정도 자세가 잡히는가 싶더니 결국 파도타기에 성공해낸다.

서핑이 끝나고 나에게 와서는 아이가 입이 삐죽 나온 얼굴로 묻는다.

"왜 엄마는 안 도와주세요? 다른 부모님은 다들 잡아주시는데."

나는 부드럽게 대답한다.

"엄마는 네가 혼자서도 씩씩하게 잘할 줄 알았거든. 정말 멋지던데."

아이의 얼굴에 미소가 씨익~ 번진다.

이제 열네 살이 된 아이는 꿈을 향해 힘찬 파도를 타고 있다.

나는 조용히 아이의 꿈을 응원한다.

—

부모가 지지해주면 아이는 어디에서든

넘치는 자신감으로 세상을 깜짝 놀라게 할 일을 해낼 수 있다.

나는 아이의 놀라운 발전과 밝은 미래를 믿는다.

—

열네 살 경제 영재를 만든
엄마표 돈 공부의 기적

초판 1쇄 발행 2021년 9월 9일 **초판 2쇄 발행** 2021년 10월 15일

지은이 이은주
펴낸이 이승현

편집1 본부장 배민수
에세이3 팀장 오유미
기획 이진아콘텐츠컬렉션
디자인 김태수

펴낸곳 ㈜위즈덤하우스 **출판등록** 2000년 5월 23일 제13-1071호
주소 서울특별시 마포구 양화로 19 합정오피스빌딩 17층
전화 02) 2179-5600 **홈페이지** www.wisdomhouse.co.kr

ISBN 979-11-91766-79-0 13590